史上最强的正能量

最伟大的励志书

[美] 马登◎著　戴国华◎译

廣東旅游出版社
GUANGDONG TRAVEL & TOURISM PRESS
悦读书·悦旅行·悦享人生
中国·广州

图书在版编目（CIP）数据

史上最强的正能量：最伟大的励志书 /（美）马登著；戴国华译.
—广州：广东旅游出版社，2013.9（2020.5 重印）
ISBN 978-7-80766-584-7

Ⅰ. ①史… Ⅱ. ①马… ②戴… Ⅲ. ①成功心理－通俗读物
Ⅳ. ①B848.4-49

中国版本图书馆CIP数据核字（2013）第175196号

责任编辑：贾小娇 厉颖卿
封面设计：朝圣设计
责任技编：刘振华
责任校对：李瑞苑

广东旅游出版社出版发行
（广州市越秀区环市东路338号银政大厦西楼12楼 邮编：510060）
三河市天润建兴印务有限公司
（河北省三河市泃阳镇中门庄村 邮编：065200）
850毫米×1168毫米 32开 10印张 150千字
2020年5月第1版第2次印刷
定价：45.00 元

序

激励生命的力量

奥里森·马登积多年心血写成了《最伟大的励志书》的原稿，但不幸的是，一场大火竟然把作者的原稿焚烧殆尽。马登为了再现原稿的风貌，费尽周折，呕心沥血，因为他长期积累的所有笔记也在大火中被烧得一干二净。

在出版本书之前，马登从来没有打算要出版一本书。所以，当时他并没有抱太大的希望，只是试着将书稿寄给出版商。但出乎意料的是，波士顿出版公司的编辑看到书稿后，很快就决定要出版这本书。结果在第一年，《最伟大的励志书》就再版达十二次之多。迄今为止，这本书已经再版数百次了。

出版之后，世界各地的读者写信给马登。他们告诉马登，他们改变了生活的理想与目标是因为看了这本书，这本书增强了他们的信心，唤醒了他们的意志力，激励他们去勇敢地尝试以前认为不可能做到的事情，去成功地创造以前绝不敢奢望的美好生活。

马登所收到的大多数信件是来自于年轻人的。他们在信中说——

在他们准备结束自己的求学生涯、感到绝望时，正是这本书，鼓励了他们重返校园；正是这本书，在他们由于工作原因感到消沉沮丧时，激励了他们重新全力以赴地投身到工作中去；正是这本书，帮助他们再次鼓起希望与憧憬的风帆，给了他们新的生活勇气，重新确立了以前被放弃或被遗忘的目标。他们功成名就的主要动力源泉，他们事业成功的转折点，正是读了这本《最伟大的励志书》。

《最伟大的励志书》已经被译成了多种文字出版，在国外也非常畅销。尤其是在日本，多年以来，这本《最伟大的励志书》的英文版和日文版，被指定为学校的教学用书。

世界各国颇具慧眼的教育家们不止一次地在各种场合建议，公立学校和其他各类教育机构应该采用这本书作为教材。他们都知道，《最伟大的励志书》是一部激励志向、鼓舞人心的非凡著作。在美国，许多州的教育厅长将本书列为学校图书馆必藏书目。

意大利国会议员、极负盛名的教育家亚历山大·罗斯先生曾经专门写文章，向意大利教育界极力推荐这本书，在他看来，这本书是“培育现代文明素养的工程师”。他建议把《最伟大的励志书》列为必读书，意大利各所学校都应该这样做。

英国首相格莱斯顿先生对本书也非常感兴趣，在他去世前，他正准备为本书的英国版作序。英国女王也写信盛赞本书的作者。

美国最高法院的法官、政府的内阁成员以及各州的州长，美国总统麦金莱，英国国会的议员们，世界各地的学者、知名作家以及各行各业的人们，他们都感谢奥里森·马登将这样一本好书献给世人。读书鼓励了千千万万的人在生活中奋力向前。值此书出版之际，对作者致以深深的敬意。

目录

第一章

改变思路，为成功创造条件

历史无声地留给我们与此类似的千千万万个例子，告诉我们有无数英雄伟人在别人面对机会犹豫不决、畏首畏尾时，他们果敢地抓住了机会，取得了常人难以想象的伟大业绩。

转变思路，发现生机

> 他的眼睛里闪耀着的光芒敏锐而热切，在别人只看到失败的地方，他却嗅到了胜利的气息。

此时正是尼罗河战役前夕，纳尔逊对军官们刚刚详细地阐述完自己的作战方案。巴利上尉热切而又兴奋地问道："如果我们成功了的话，不知道世人会怎么说？"

"在这种情况下不存在任何的假设，没有任何如果可言。"纳尔逊回答道，"我们一定会赢，这一点毫无疑问。至于谁能够从战场上活着回来向世人讲述这里所发生过的故事，那就是另外一回事了。"

随后，上尉军官们纷纷起身，从会议室回到各自的战舰上去。纳尔逊在后面又追加了一句话："到明天的这个时刻，我或者是有资格在威斯敏斯特大教堂的墓地上永远安息，或者已经是赢得了贵族头衔。"他的眼睛里闪耀着的光芒敏锐而热切，在别人只看到失败的地方，他却嗅到了胜利的气息。

拒绝借口，向前就是希望

> 尽管这种困难对于任何人来说几乎都是难以克服的，但是拿破仑在困难面前没有退缩。他需要前进，所以，他自己创造了机会并牢牢地把握住了它。

拿破仑问他的工程师们：“到底有没有可能通过这条路直接穿越过去？”这些工程师曾被派去探寻能够穿过险峻的阿尔卑斯山圣伯纳山口的路。他们吞吞吐吐地回答道，“可能行的，还是存在着一定的可能性的。”工程师们的弦外之音是：穿越那山口肯定是极其困难的。拿破仑丝毫没有把它引以为意。身材不高的拿破仑坚定地说道：“那就前进吧。”

此时，英国人和奥地利人都轻蔑地撇了撇嘴，他们都听到拿破仑想要跨过阿尔卑斯山的消息，对于这样的消息他们都报以冷笑：那可是一个“从未有任何车轮碾过，也不可能有车轮能够从那儿碾过的地方”。更何况，拿破仑还率领着七万大军，带着成吨的炮弹，拉着笨重的大炮，运着大量的战备物资和弹药呢！

然而，在热那亚被困的玛塞纳将军陷于饥饿境地时，坚信胜利在望的奥地利人看到拿破仑的军队突然出现，他们不禁目瞪口呆。失败不属于拿破仑，他成功了。拿破仑没有像其他先行者一样被高山吓住，没有从阿尔卑斯山上溃退下来。

一旦无数人认为“不可能”的事情成为可能时，总会有人说，在很久以前这件事本该就能做成；还会有人找借口说，任何人都无法克服他们所遇到的巨大困难，从而顺理成章地把自己在困难面前的退却说成是自然的事情，好让自己从困难面前大摇大摆地溜走。对于许许多多的指挥官而言，他们同样有必要的工具，有精良的装备，有善于穿越崎岖山路的士兵，但他们却缺乏拿破仑的坚韧与勇气。尽管这种困难对于任何人来说几乎都是难以克服的，但是拿破仑在困难面前没有退缩。他需要前进，所以，他自己创造了机会并牢牢地把握住了它。

不放弃，坚持可以改变结果

一个伟大的指挥官到了！整个战局因他的到来而立刻改观，他的坚韧和毅力鼓舞了整个军队，他能够扭转战局，而且也只有他才能够扭转战局。

美国南北战争期间，格兰特将军不幸从马上跌落，受了重伤。就在这时候他接到要求他去指挥查塔努加的战役的命令。当时，投降看来几成定局，仿佛只是一个时间早晚的问题。南方军已经将联邦军围得严严实实，一到晚上，敌军燃起的篝火四处可见，在漆黑的夜空里如同繁星。而对格兰特来说，所有的供应线与补给都已经被完全切断了。格兰特忍着巨大的疼痛，断然下令，挥师前往新的战场。

沿着密西西比河北上，穿过俄亥俄河及其星罗棋布的支流，在马拉着的担架上一路颠簸走过茫茫的荒原，最后在四名士兵的帮助下，格兰特将军终于到达了查塔努加。一个伟大的指挥官到了！整个战局因他的到来而立刻改观，他的坚韧和毅力鼓舞了整个军队，他能够扭转战局，而且也只有他才能够扭转战局。整个军队顿时士气大振。敌人仍然在一步步地逼近，但是在格兰特还没有来得及跨上马鞍、下令前进的时候，北方军队已经以迅雷不及掩耳之势夺回了周围所有的山头。

这里所发生的一切是完全出自偶然吗，还是因为整个军队为受伤的格兰特将军那不屈不挠的决心所鼓舞、所激励才扭转了战局？

做到奋勇向前，全世界会为你喝彩

历史无声地留给我们与此类似的千千万万个例子，告诉我们有无数英雄伟人在面对机会犹豫不决、在别人畏首畏尾时，他们果敢地抓住了机会，取得了常人难以想象的伟大业绩。

意志力、勇气与决心是不是会使所有的情况为之改观？否则荷拉提乌斯怎么会只带领两名战士就让九万托斯卡纳的军队瑟瑟发抖，惊慌失措，直至穿越台伯河的桥轰然倒塌？凯撒怎么会在发现自己的军队难以紧逼进攻时，挺起长矛，紧握盾牌，勇敢地战斗，使得他的军队又迅速集结，最终反败为胜？狄密斯托克里怎么会能够在希腊的海边让波斯的战舰化为碎片，沉没海底？斯巴达国王列奥尼达斯怎么会能够以寡敌众，在温泉关阻遏波斯的百万大军？阿诺德·温克尔里德怎么会在胸前深深扎满长矛时，依旧傲然挺立，为战友们冲开一条血路，让他们步步进攻，踏上通往胜利之路？威灵顿公爵怎么会历经沙场却从未被打败过？内伊怎么会在大大小小一百多场战斗中总能化险为夷，将险败战局扭转为大获全胜？为什么在联邦军不断溃败时，谢里丹将军赶到温彻斯特，独自一人策马去往御敌前线，从而力挽狂澜？佩里怎么会能够离开劳伦斯河，独自摇桨前往尼亚加拉大瀑布，让英国人的枪声从此销声匿迹？为什么谢尔曼将军单枪匹马冲往阵地，向他的士兵们挥手致意，要他们挺住，要坚守住堡垒和阵地时，战士们立刻军心大振，奔走相告，他们伟大的指挥官——谢尔曼将军到了，并真的保住了阵地？

历史无声地留给我们与此类似的千千万万个例子，告诉我们有无数英雄伟人在面对机会犹豫不决、在别人畏首畏尾时，他们果敢地抓住了机会，取得了常人难以想象的伟大业绩。这些人总是能雷厉风行，当机立断，全身心地投入到行动中去，让整个世界为之喝彩。

是的，你可以说，世界上只有一个拿破仑。但是，我们也要看到，当今任何一个年轻人所面对的困难与艰险，不可能有这位伟大的科西嘉小个子所跨越的阿尔卑斯山那么高、那么险。

抓住机会，你会变得非同寻常

要抓住生活中每一个普通的机会，不是要等待非同寻常的机会在你的面前出现，而是要让机会在你的手中变得非同寻常。1838年9月6日早晨，在英格兰与苏格兰之间的兰斯顿灯塔里，外面尖锐恐怖的呼叫声把一位年轻的女子惊醒了。外面暴雨倾盆，狂风大作，海浪在怒吼翻滚，在呼啸的风声与咆哮的波涛声中一阵凄厉的呼叫声传来。而她的父母却什么也没有听见。通过望远镜，她看见九个弱小的身影，正拼命地抓住一艘失事船只的木板，而船头却悬挂在了半英里之外的岩石上。

灯塔的看守人威廉姆·达陵无可奈何地摇摇头说："我们对此无能为力。""不，想想办法吧。一定会有办法的，我们必须把他们救出来。"女儿含泪苦苦地恳求着父母。父亲终于动摇了："好吧，我知道这样有悖常理，不合我的判断。但是格雷丝，我就按你的要求去试一试。"

随后，如同狂风中飘零的一片羽毛一样，一叶小舟在汹涌澎湃的大海上颠簸起伏，钻过惊涛骇浪，穿过疾风骤雨，驶向失事的船只。那些船员的尖声呼叫将这位孱弱女子的柔弱身躯挤压成了钢筋铁骨。这个勇敢的姑娘与父亲凭借着不知道从哪儿来的一股勇气与力量，一道奋力地划着桨在暴风雨中穿行。九个船员最终得救了，他们安全地回到了陆地上。

"愿上帝保佑你，亲爱的姑娘。没想到您这么一位如此单薄瘦弱的姑娘，却在惊涛骇浪中救了这么多的人。"一位船员难以置信地看着这位女英雄，不禁脱口称赞道。她的所作所为让全英国的人都感到无比光荣。她的英雄气概让高贵的君王在她面前也黯然失色。

淡定面对，成功就在不远处

安东尼奥没有被眼前的宠幸冲昏头脑，他依旧是一个热切、淳朴而又诚实的孩子，孜孜不倦地刻苦努力着。

纪实小说家乔治·埃格尔斯顿讲述的故事中有这样一个片段：一天，在西格诺·法里罗的府邸，主人邀请了一大批客人，举行一个盛大的宴会。就在宴会开始的前夕，负责餐桌布置的点心制作人员派人来说，那件他设计的大型甜点饰品，在摆放在桌子上时不小心弄坏了，管家急得团团转。

“我想我能造另外一件来顶替，如果您能让我试一试的话。”这时一个孩子走到管家的面前怯生生地说道。这个小孩是一个仆人，在西格诺府邸厨房里干粗活。“你？”管家惊讶地喊道，“你竟敢说这样的大话？你是什么人？”“我是雕塑家皮萨诺的孙子，叫安东尼奥·卡诺瓦。”这个脸色苍白的孩子回答道。

“小家伙，你真的能做吗？”管家将信将疑地问道。“如果您允许我试一试的话，我可以造一件东西摆放在餐桌中央。”小孩子开始显得镇定一些。这时仆人们都已经慌得手足无措了。于是，管家就答应让安东尼奥去试试，他则在一旁紧张地注视着孩子的一举一动，盯着这个孩子，看他到底会怎么做。这个厨房的小帮工不慌不忙地要人端来了一些黄油。不一会儿工夫，黄油在他的手中变成了一只不起眼的蹲着的巨狮。管家惊讶地张大了嘴巴，喜出望外，连忙派人把这个黄油塑成的狮子摆到了桌子上。

晚宴开始了。客人们陆陆续续地被引到餐厅里来。这些客人当中，有威尼斯最著名的实业家，有傲慢的王公贵族，有眼光挑剔的专业艺术评论家，还有高贵的王子。但当客人们一眼望见餐桌上卧着的黄油狮子时，都认为这是一件天才的作品，纷纷交口称赞起来。他们甚至忘了自己来此的真正目的是什么了，在狮子面前不忍离去。结果，整个宴会变成了对黄油狮子的鉴赏会。客人们在狮子面前情不自禁地细细欣赏着，不断地询问西格诺·法里罗，究竟是哪一位伟大的雕塑家竟然肯将自己天才的技艺浪费在这样一种很快就会溶化的东西上。法里罗也愣住了，他当即喊管家过来问话，于是管家就把小安东尼奥带到了客人们的面前。

当这些尊贵的客人得知，就是这个小孩在仓促间做成了这只精美绝伦的黄油狮子时，不禁大为惊讶，整个宴会立刻变成了对这个小孩的赞美会。富有的主人当即宣布，将由他出资给小孩请最好的老师，让他的天赋充分地发挥出来。

西格诺·法里罗果然没有食言，但安东尼奥没有被眼前的宠幸冲昏头脑，他依旧是一个热切、淳朴而又诚实的孩子，孜孜不倦地刻苦努力着，希望把自己培养为皮萨诺门下一名优秀的雕塑家。安东尼奥是如何充分利用第一次机会展示自己才华的，也许很多人并不知道，然而，却没有人不知道后来著名雕塑家卡诺瓦的大名，没有人不知道他是世界上最伟大的雕塑家之一。

强者创造机会，弱者等待机会

> 普通机会却常常出现在你面前，你应该把握住它，将它变为有利的条件。而你所需要做的事情只有一件：行动起来。

强者创造机会，弱者等待机会。

莎彬说过："空等机会的到来，优秀的人是不会这样做的，他们通常是寻找并抓住机会，把握机会，征服机会，让机会成为服务于他的奴仆。"

能获得特殊机会，在你一生中这样的可能性还不到百万分之一。然而，普通机会却常常出现在你面前，你应该把握住它，将它变为有利的条件。而你所需要做的事情只有一件：行动起来。

在这个世界上生存，就意味着上帝赋予了你奋斗进取的特权，你要利用这个机会，去追求成功，充分施展自己的才华，那么这个机会所能给予你的东西要远远大于它本身。想一想吧，像弗莱德里克·道格拉斯这样一个没有人身自由的奴隶，尚且能够通过自身的努力最终成为一位杰出的演说家、作家和政治家，那么，当今的年轻人，与道格拉斯相比拥有无限机会的年轻人，是不是应该做得更好些呢？

犹豫不决的人和软弱的人总是借口说没有机会，他们总是喊：请给我机会！机会！其实，每时每刻每个人的生活中都充满了机会。你在学校或是大学里的每一堂课是一次机会；每一次考试是你生命中的一次机会；每一个客户是一次机会；一个病人对于医生都是一次机会；每一次布道是一次机会；每一篇发表在报纸上的报道是一次机会；每一次商业买卖是一次机会，是一次展示你的优雅与礼貌、果断与勇气的机会，是一次表现你诚实品质的机会，也是一次交朋友的好机会；每一次对你自信心的考验都是一次机会。

勤劳的人永远在孜孜不倦地工作着、努力着；而只有懒惰的人才总是抱怨自己没有机会，抱怨自己没有时间。从琐碎的小事中，有头脑的人能够寻找出机会，而粗心大意的人却轻易地让机会从眼前飞走了。有些人像辛劳的蜜蜂一样，从每一朵花中汲取琼浆，在其有生之年处处都在寻找机会。对于有心人而言，每一天生活的场景，每一个他们遇到的人，都是一个机会，都会给他们的个人能力注入新的能量，都会在他们的知识宝库里增添一些有用的知识。

准备好一切，迎接机会的降临

> “幸运之神会光顾世界上的每一个人。但如果她发现这个人并没有准备好要迎接她时，她就会从大门里走进来，然后从窗子里飞出去。”

有一句格言说得好：“幸运之神会光顾世界上的每一个人。但如果她发现这个人并没有准备好要迎接她时，她就会从大门里走进来，然后从窗子里飞出去。”

美国运输业巨头、著名企业家柯尼里斯·范德比尔特认定自己要在汽船航海方面开拓事业。他的这一决定让家人和朋友都十分震惊。他竟然放弃了原本已经蒸蒸日上的事业，到当时最早的一艘汽船上去当船长，而年薪仅为一千美元。富尔顿和利文斯敦当时已经取得了用汽船在纽约水面上航行的专有权，但范德比尔特认为，这项法令不符合美国宪法的精神。他一再要求取消这个法令，并最终获得了成功。不久以后，他拥有了一艘自己的汽船。

在当时，为了往来欧洲的邮件，政府要付出大笔的补贴，然而，范德比尔特却提出他愿意免费送邮件并承诺更好的服务。他的这一要求很快就被接受了。凭借这种方式，他很快就建立起了一个庞大的货运与客运体系。后来，他预见到，铁路运输将会大有可为，因为美国是一个地域辽阔、人口众多的国家。于是，他积极地投身到铁路事业中去，为后来建立四通八达的范德比尔特铁路网奠定了坚实的基础。

当机立断，立于不败之地

阿慕尔判断，格兰特和谢尔曼的军队已经扼住了叛军的喉咙，倾销了所有的猪肉，净赚了两百万元。

当时“四十九人大篷车队”的一个成员——年轻的菲利普·阿慕尔，把自己所有的家当放在了一辆牧场大篷车上，由一匹骡子拉着，毅然决然地跟随车队穿越“美国大沙漠”。他非常辛勤地工作着，将矿上定时发的薪水一点点地积攒起来。这些积蓄为他日后积累了资金，帮助他能够独立开创向往已久的事业。六年后，他用这笔钱在威斯康星的密尔沃基开始经营粮食与商品批发生意。在九年时间里，他赚了五十万美元。

南北战争期间，当格兰特将军发出“打到里士满去”的命令后，他意识到一个宝贵的机会到来了。1864 年的一个早晨，他敲开了事业合伙人普兰克顿的门说：“我要坐下一班火车去纽约，格兰特和谢尔曼的军队已经扼住了叛军的喉咙，胜利已经在眼前了。我要去把我们所有的猪肉都倾销出去。战争很快就会结束，那时猪肉会跌到十二美元一桶。”此时正是断然作出决定的好机会，而他看准了这个时机。

他到了纽约后，以每桶五十美元的价格将猪肉大量抛售出去，人们蜂拥抢购。华尔街上精明的投机商们对这个西部年轻人的疯狂举动大加耻笑。他们劝告阿慕尔说，因为战争还远远没有接近尾声，猪肉价格会涨到六十美元一桶。阿慕尔照旧抛售猪肉，对此不加理会。格兰特带领的军队步步进逼，南方军队节节败退。于是，里士满很快就被攻陷了。果然，猪肉的价格猛跌到十二美元一桶，而阿慕尔先生却净赚了两百万美元。

看到机遇，抓住机遇

约翰·洛克菲勒抓住了机遇。这个国家的人口众多，却只有极少数人在使用电灯，他注意到了这一点。

在石油行业，约翰·洛克菲勒抓住了机遇。这个国家的人口众多，却只有极少数人在使用电灯，他注意到了这一点。这个国家的石油储藏非常丰富，然而由于石油冶炼加工方法十分原始，产量非常低，而且使用起来也不安全。而这正是他的机会所在。

他先是找到了塞缪尔·安德鲁——一个曾经与他在一个机械厂共同工作过的维修工，成为他的一个合伙人。到了 1870 年，利用他的合伙人发明的新的冶炼加工方法，洛克菲勒开始冶炼出了他们的第一桶石油。由于他们冶炼出的石油质量好，生意很快红火了起来。后来，他们又增加了一个合伙人，名叫弗莱格勒。

但是过了不久，安德鲁对现状不满，他表示希望退出合伙关系。洛克菲勒问他："你想要什么作为补偿呢？"安德鲁漫不经心地将自己的要求写在一张纸上："一百万美元。"洛克菲勒不到二十四个小时就将这笔钱递到了安德鲁的手中，然后说："你只要一百万美元，而不是一千万，要价真的不高。"

这个固定资产只有一千美元的不起眼的小冶炼厂在短短的二十年中，滚雪球般地迅速成长为一个托拉斯——"美孚石油公司”，股票价格也升至每股一百七十美元，总资产达到了九千万美元，而公司的市场价值则高达一亿五千万美元。

财富不是终极目标，仅是一个机会

> 财富不是一个人一生的终极目标，它仅仅是一个机会而已；获得财富不是一个人事业的顶峰，而只是所有事业中的一小部分而已。

以上这些都只是人们为了发财致富而充分把握时机并最终获得成功的典型例子。但是，财富不是一个人一生的终极目标，它仅仅是一个机会而已；获得财富不是一个人事业的顶峰，而只是所有事业中的一小部分而已。我们更应当看到，在我们的社会中，还有新的一代人，其中有电工、工程师、学者、艺术家、作家、诗人等，他们总是在寻找机会去做一些比仅仅积聚财富更为高尚的事情。

伊丽莎白·弗雷夫人是一名贵格派教徒。她认为自己的“机会”是去关心英格兰女子监狱的状况。一直到1813年的时候，在英国，经常都会有三四百名衣衫褴褛、几近半裸的女囚，被囚禁在伦敦纽盖特监狱的同一个牢房里等待判决。牢房里没有床，也没有任何的床上用品，年轻女子、老年妇人甚至是年纪尚小的女囚们，都睡在牢房的地板上，上面只铺着一点肮脏的破布片。当局几乎很少顾及她们的死活，没有人会想到要去关心一下她们的状况，几乎不提供吃的。

三个月后，人们称之为“疯狂的野兽”的这群女囚在狱中已经变得本分而又温和了。为什么呢？因为弗雷夫人拜访了纽盖特监狱，让这群鬼哭狼嚎般吵闹不休的人平静了下来，她告诉众人，自己希望建一所学校，为了这些年轻的以及年纪尚小的女孩子，她要求犯人们自己推举一名女校长。听了她的话，这群人一下子惊呆了，等缓过神来后，她们兴奋地推举一名因盗窃一块手表而被投入狱中的女囚做她们的校长。

这项监狱改革很快就被推广到其他的监狱中去，最终引起了政府当局的高度重视，并对这一项改革进行了相应的立法。而整个英国也出现了大批热衷于弗雷夫人这项工作的女士，她们自告奋勇地为女囚们提供衣物，并承担教育女囚的工作。八十年过去了，弗雷夫人的这个计划与设想已经完全被整个文明社会所接纳。

机会降临，答案在自己手中

> 机会就降临在他面前，他是要承认自己的无知无能呢，还是要踏入名誉与财富的殿堂？他与机会就这么面对面地站着。答案就握在他自己的手中。

一场可怕的车祸发生了。一辆车从英国小男孩的身上碾了过去，被轧断了的动脉中鲜血不断地涌出来。所有的人都呆呆地看着这个小男孩在痛苦中抽搐呻吟，吓得不知所措，眼睁睁地看着死神一步步地向他走近。阿斯特利·库珀迅速地抓起自己的手帕，将它紧紧地系在小男孩的伤口上，血止住了，小男孩得救了。人们对他的这一行为给予了高度的赞誉，而这种赞誉激励着他，库珀决定要成为一名外科医生。要知道，在他所处的那个时代，外科医生还是一个新名词。

“机会正向他走来，幸运之神在向这位年轻的外科医生招手。”阿诺德这样写道，“这位潜心于学习和实验的年轻人在经过长期的准备与等待后，突然间被拉到了手术台前，这是他必须面对的第一个关键手术。那位伟大的手术师不在此地，而时间异常地紧迫，不容他多想。病人正在生与死的鸿沟前挣扎徘徊。他能取代那位医术高明的手术师，继续他的工作吗？他有能力独自处理这次紧急手术吗？如果他能够做到这一点，那么他就是人们要找的医生。机会就降临在他面前，他是要承认自己的无知无能呢，还是要踏入名誉与财富的殿堂？他与机会就这么面对面地站着。答案就握在他自己的手中。”

做好准备，迎接机会

当伟大的机会就要降临，你准备好了吗？

“有一天，亨利·朗费罗与霍桑共进晚餐。”詹姆士·菲尔德讲了一个故事，“霍桑带着一个来自塞勒姆的朋友同来。吃完饭后，他的朋友开口说：‘一直以来，我都试图说服霍桑写一部有关阿卡迪亚传说的小说。故事是这样的：在阿卡迪亚人四散逃离时，一个女孩子与她的恋人被冲散了。她终生都在苦苦等待寻找她的恋人，等到她两鬓斑白时，她终于找到了她的恋人，却发现他已经在医院里去世了。’听了这个故事后，朗费罗转向霍桑，问道：‘如果你不打算以此为素材构思一部小说的话，你能不能让我借用这个故事来写一首诗呢？’朗费罗感到很奇怪，霍桑为什么没有想到以此为素材写一部小说。霍桑很爽快地答应了，并许诺说，在朗费罗以此为题材写成诗之前，他决不会用这个故事的原型来写小说。朗费罗抓住了这个机会，举世闻名的《伊凡吉林》便由此诞生了。”

善于观察，看到机会

善于倾听的人总会听到那些渴求帮助的人越来越弱的呼声；只要你善于观察，你的周围到处都存在着机会；只要你有一颗仁爱之心，你就不会仅仅为了私人利益而工作；这个世界永远都会有高尚的事业等待你去开创，只要你肯伸出自己的手。

一个装满了水的大桶不断往外溢水的情景可能每一个人都见过，然而却没有人肯动一动脑筋，想一想，运用自己所学的知识去分析溢出的水的体积正好等于人浸在水中的身体的体积。这一个现象只有阿基米德观察到了，由此他找到了一种计算物体的体积的简便的方法。运用这个方法，可以迅速计算出任何不规则物体的体积。

一个垂悬的重物会非常有规律地来回摆动，这是一件很正常的事情，每个人都明白，重物到最后会受空气阻力慢慢地停下来。但是，从来没有人想到过这一现象是否具有任何其他的现实意义，更没有人想到过这一原理可以运用到生活中的什么地方。而伽利略在少年时偶然间注意到比萨大教堂上方挂着的一只灯，那只灯在不停地左右摆动，而且来回摆动的幅度极具规律性，通过研究，著名的钟摆定律被伽利略发现了。直到他被投入监狱时，他这种研究与探索的热情，仍然不为监狱的铁门所阻挡。他利用狱中的稻草秸做实验，最终发现了具有相同直径的实心管与空心管的相对强度。

土星的外围有一周光圈，这一现象早就被天文学家观察到，但他们都认为这只是行星形成规律假说的一个例外而已。但拉普拉斯却不这样看。拉普拉斯也观察到了这一现象，他认为，这是平常难以观察到的星体形成过程中唯一可见的一个阶段。他最终证明了这一观点，被载入了星体形成的科学史。

大西洋以外可能还会存在大陆，这是欧洲的水手们都曾经想象过的事情，但从未有人付诸行动去真正探索一下。而哥伦布勇敢地驶入了无边无际的未知海洋，他最终带领着船队意外地发现了新大陆。

曾经有无数的苹果从树上落下砸在了人的头上，仿佛在提醒人们去思考一下这个现象。只有牛顿才问了一句为什么，这一现象使他陷入了深思。由此，他意识到，苹果之所以会往下落而不是落到其他方向上或往上去，这一现象与宇宙中分子在不停地运动却没有相互碰撞并纠缠在一起，以及所有的星体能够在各自的轨道上正常运转，是基于同样的道理。

自上帝创世、始祖亚当夏娃以来，就在人们的眼前闪亮的闪电，就在人们的耳中轰响的雷鸣，这些自然现象却从来没有唤起人们头脑中沉睡的思想，从来没有人意识到或许雷鸣、闪电会具有非常巨大的能量。只有富兰克林竖起了耳朵，睁大了眼睛，向天空中嘶奔的千军万马昂起了头。他用一个极其简单的实验，向世人证明了闪电就像是水和空气一样，广泛地存在于宇宙之中，是某一种强大而又能被人控制的能源。

发现机会，把握机会

世人眼中普通得不能再普通的情形，他们却把它变成了一种机会，从而成就斐然。

我们以上所提及的很多人通常都被世人称之为伟人，原因其实只有一个：世人眼中普通得不能再普通的情形，他们却把它变成了一种机会，从而成就斐然。我们都读过无数伟人的故事，都深深地了解所罗门王在几千年所说的那句话的含义："你见过工作勤奋的人吗？他应该与国王平起平坐。"孜孜不倦的富兰克林曾经与五位国王平起平坐，曾经与两位国王共进晚餐。富兰克林用他的一生对这句话作了最好的诠释。

那些善于利用机会的人在发现机会与把握机会的时候如同撒下了种子，终有一天，这些种子会生根——发芽——结果，给他们自己或是别人带来更多的机会。离知识与幸福越来越近的是那些一步一个脚印、踏踏实实工作的人，可供他们选择的道路也越来越宽，也越来越容易往前走，越来越平坦。所有的人面前的道路其实都是向他们敞开的，无论是对年富力强、头脑冷静、生活节俭的机械师，还是对温文尔雅的学生；无论是对谨慎细致的公务员，还是对兢兢业业的公司职员。如今，通过这些道路走向成功的可能性甚至要比历史上的任何时期都更大一些。

什么才是最好的机会?

对于不能利用机会甚至是不愿利用机会的人来说，什么才是最好的机会呢?

在一个画室里，一个青年站在众神的雕塑面前。他指着一尊塑像，那尊塑像的脸被它的头发遮住了，在它的脚上还生有一对翅膀。青年好奇地问道："这个叫什么名字？"雕塑家回答道："机会之神。""那为什么它的脸藏起来了呢？"青年又问道。"因为人们很少能够看见它，即使在它走近人们时。""那为什么它脚上还生着翅膀呢？"青年又追问道。"因为它会很快就飞走，一旦飞走了，人们就再也不会看见它了。"

一位拉丁作家曾经这么说过："机会女神的前额上长着头发……但她的脑后没有头发。如果你能够抓住她前额上的头发，你就能够抓住她。然而，如果被她挣脱逃走的话，即使万神之王宙斯也无法将她捉住。"

但是，对于不能利用机会甚至是不愿利用机会的人来说，什么才是最好的机会呢？

人生没有后悔药，不要错过机会

他们又回忆起以前，多少可以赚钱的机会自己曾经白白浪费了，或是自己曾经白白放过了多少可以弥补这些损失的机会，而现在悔之晚矣。

一位船长讲述道：“那天晚上我碰到了不幸的‘中美洲’号。天正渐渐地暗下来。海上风很大，海浪滔天，一浪比一浪高。我给那艘破旧的汽船发了个信号打招呼，问他们需不需要帮忙。‘情况正越来越糟糕。’亨顿船长朝着我喊道。‘那你要不要把所有的乘客先转到我的船上来呢？’我大声地问他。‘现在还不需要，你明天早上再来帮我好不好？’他回答道。‘好吧，我尽力而为。可是你现在先把乘客转到我船上不更好吗？’我回答他。‘你还是明天早上再来帮我吧。’他依旧坚持道。我曾经试图向他的船靠近，但是，你知道，那时是在晚上，浪又大，天又黑，我怎么也无法固定船的位置。后来我就再也没有见到过‘中美洲’号。就在他与我对话后的一个半小时，他的船连同船上那些鲜活的生命就永远地沉入了海底。在海洋的深处，船长和他的船员以及大部分乘客为自己找到了最幽静的坟墓。”

机遇曾经离亨顿船长近在咫尺，却被他忽略了，变得遥不可及，当亨顿船长意识到这个机会的价值，已经晚了，然而，他的盲目乐观与优柔寡断却牺牲了无辜的乘客！在他面对死神的最后时刻，他再怎么痛心疾首地自责又有什么用呢？其实，在我们的生活当中，有很多像亨顿船长这样的人，他们在最欢乐的时刻是多么的盲目，多么的易受打击，在残忍的命运面前又是多么的软弱无力啊！只有在经历过之后，他们才突然醒悟，明白那句古老的格言：机不可失，时不再来。然而，却已经太迟了。

这种人在做事情时总是不能很好地把握时机，要么太迟，要么太早。“这些人都有三只分开的手。”约翰·戈夫这么说，“一只右手，一只左手，还有一只迟到之手。”在他们还是孩子的时候，他们就老是迟到，做家庭作业和交作业也总是晚于别人。就这样，他们慢慢养成了迟到的习惯。

到了现在，他们才开始后悔，在需要他们承担责任的时候，他们想如果能再回到从前，让生命再来一次的话，他们一定会好好地把握住机会，也许还会有一个崭新的明天等待他们。他们又回忆起以前，多少可以赚钱的机会自己曾经白白浪费了，或是自己曾经白白放过了多少可以弥补这些损失的机会，而现在悔之晚矣。如何在将来改善自己的生活，他们应该懂得完善自身，或是帮助别人；然而，他们却永远无法抓住机会，因为他们没看到任何机会。

小失误，足以毁灭一切

一个小小的失误，可能就发生在五分钟内，然而，这足够影响一个人的一生。

乔·斯托克是餐车上的司闸员，他总是乐呵呵的，无论你问他什么问题，他都快乐地回答。因为如此，铁路上的人都非常喜欢他，旅客们也非常喜欢他。但是，自己作为一个司闸员的真正职责是什么，他却没有意识到。

他有时候要喝点酒，总是显得有些散漫。要是有人向他提意见的话，他就露出他那特有的灿烂微笑，用极其平和的语调说："没关系的，谢谢你的关心，我感觉好极了，不用担心。"他的语调是那么的轻描淡写，那么的平和，连提醒他的朋友都觉得是不是自己将危险夸张了，有点小题大做。

在一个寒冷的晚上，路上遇到了大风暴，他们的火车晚点了。乔·斯托克开始不停地抱怨，抱怨因为这个鬼天气给自己带来了许多额外的事情，他还不时地偷偷地拿起一个小瓶子往嘴里倒一点酒。不一会儿，他开始变得很高兴，兴奋起来，又开始说说笑笑了。而火车上的列车员与司机都保持着高度的警惕，一直密切地注视着天气变化与路面情况。

就在火车行驶到两个火车站中间的时候，火车猛然间停下了。原来是火车引擎的汽缸盖爆裂了。情况非常危急，因为过几分钟就有一辆快车要从同一条轨道上经过。列车员飞快地跑到后车厢中去，紧张地告诉乔，让他赶快打开红灯让火车向后退。这个司闸员哈哈大笑，说：“不用急，不用急，等我把外衣穿上再说。”

列车员非常严肃地对他说：“乔，那辆快车就要开过来了。一分钟也不能耽搁了。”

乔微笑着答应说“好，好，好。”于是，列车员又匆匆往前跑回到司机那儿。

可是，这位司闸员先停了下来，穿好他的外衣。他并没有立刻做这件事。他又把那一小瓶酒掏出来喝了一口，惦记着这样可以御寒。做完了这些后，他才慢吞吞地拿起灯笼，一边自在地吹着口哨，悠闲地沿着火车轨道踱着步子。

就这样他走了还没有十步远的时候，那辆快车呼啸而来的声音已经传入他的耳朵。他拼命地往拐弯处跑，然而已经太晚了。可怕的事情已经发生了，停着的餐车被那辆飞驰的列车一下子撞上去了，列车将餐车挤成一团，蒸汽的嘶嘶声与旅客的尖叫声交织在一起，一片狼藉，一片混乱。

后来，人们想起来了，问乔哪儿去了。他失踪了。但是，第二天人们在一个谷仓里找到了他。他手里还提着一个空荡荡的灯笼，朝着他幻想中的火车不停地喊着：“嗨，看见我有这个吗？”乔已经彻底变成了一个疯子。

他被带回了家。后来，他又被送进了疯人院。在疯人院里，再也没有比这更凄厉的声音了。这个可怜的人就这样一遍又一遍地喊着：“嗨，看见我有这个吗？嗨，看见我有这个吗？”许许多多无辜的生命因为他那自我放纵和散漫的习惯而消失了。

“嗨，看见我有这个吗？”或是“嗨，看见我没有这个吗？”这都是许多人无声的呐喊，他们甚至愿意用自己的生命去换得一个机会，一个能够让他们弥补自己已犯下的错误的机会。一个能够让他们重新再来一次的机会。

迪恩·阿尔福特曾经这样说过：“在我们的生命中，总有一些时刻能抵得上许多年的光阴。”的确如此，世界上没有什么能够与时光相比，无论是就重要性而言还是就价值而言。我们对此毫无办法。一个小小的失误，可能就发生在五分钟内，然而，这足够影响一个人的一生。可是，谁也无法预料到，可能那就是我们生死攸关的时刻呢？

实干，才能抓住机遇

> 我们一直都不曾真正理解爱默生所指出的“浅薄的美国主义”。我们不想学习，只想获得知识；我们不想做什么学徒工或有什么锻炼，我们只想成为大师级的人物；我们不想实干，只想有巨大的收获。

“我们所说的转折点，”阿诺德这样说，“其实就是由以前点点滴滴积累起来，突然间爆发的某个时刻而已。对于那些善于利用这些时刻的人来说，这些偶然间出现的情况是至关重要的。”

我们的问题就在于，我们想要达到致富或成名的目的，为此总是希望靠一个“机会”来实现自己的目标，我们总是在一刻不停地寻找那些所谓的“重要”机遇。我们一直都不曾真正理解爱默生所指出的“浅薄的美国主义”。我们不想学习，只想获得知识；我们不想做什么学徒工或有什么锻炼，我们只想成为大师级的人物；我们不想实干，只想有巨大的收获。

年轻的先生们和女士们为什么会整日在优游闲逛呢？他们为什么会如此无所事事呢？是这块土地在你们出生之前就已经没有了任何工作机会了吗？是这个星球已经停滞不前，不再进步了吗？是所有的职位都已经有人了？是所有的位子都已经被占满了，还是所有的机会都已经消失了，还是你们国家所有的资源都已经被挖掘出来，都已经枯竭了？是人类已经掌握了大自然的所有奥秘了，还是你没有什么好的方法利用正在流逝的时光完善自己、造福他人？是由于当今社会竞争太激烈、太残酷，从而让你心灰意冷，只想躲在一个套子里，得过且过地度过卑微而又平凡的一生吗？

这是一个知识与机遇前所未有的时代，这是一块时时刻刻都充满机会的国土，你出生在这样的一个时代，出生在这样的一片土地上，怎么可以悠闲自在地抱着胳膊，不停地向上帝索取那些已经给予你的所有必要的力量与才能呢？甚至当上帝的选民们在前进的道路受到红海的阻拦时，他们停下脚步，他们的领袖祈求上帝，想要获得上帝的救助时，上帝也只是对他说："你为什么向我呼喊求救呢？对以色列的子民们去说吧，他们会一直奋勇向前。"

创造机遇也要上

想拥有非同寻常的机遇，就要像战争或和平时期所有的伟大领导者一样，自己创造机遇，直至达到成功。

想一想，社会上需要人做的工作有无数，而人类的本质是那么的特殊，哪怕是一句欢快的话语或是些微的帮助，就会为他们的成功扫清障碍或是有助于别人力挽狂澜。上帝赋予我们的才能都是均等的，诚实的品质、热切的愿望和坚韧的品格，这些我们每个人的体内都早已包含了。这些都让我们有获得成功的可能。我们的前方有无数伟人的足迹，激励我们不断前行，时刻引导我们。每一个新的时刻都给我们带来许多未知的机遇。

不要等待你的机会出现，你要像乔治·史蒂芬孙在肮脏的煤矿马车旁用粉笔来演算一个数学定律一样去创造机会，要像拿破仑在近百种"不可能"的情况下为自己赢取成功一样去创造机会，要像那个牧羊的孩子弗格森用一串串的珠子来计算天上的星星一样去创造机会。

想拥有非同寻常的机遇，就要像战争或和平时期所有的伟大领导者一样，自己创造机遇，直至达到成功。对懒惰者而言，即使是千载难逢的机遇也毫无用处，而勤奋者却能将最平凡的机会转变为千载难逢的机遇。

人生就是一条川流不息的河流，
不停地向前，向前，直至命运的彼岸。
没有了机遇，生命之舟就会搁浅，或是被浪涛掀翻，
要么是抓住机会顺流而下，乘风破浪，
要么是神色黯然，望河兴叹。

机遇永不再来，牢牢地抓住它，
幸运女神会向你微笑，
人生的职责会为你指引一条阳光大道。
不要退缩，尽管你心存恐惧，
不要徘徊，尽管安逸在向你招手，
要一直向前，向前，直到实现生命的目标。

第二章

坚持不放弃，成功之门就会为你敞开

“在你一无所有之时，你唯一的选择就是努力拼搏。”当你走进乔治·蔡尔德在费城的私人办公室时，首先吸引你注意力的是这条挂在墙上的格言——同时也是一条促使一个其他人看来毫无机会、不名一文的男孩最终出人头地的最高准则。

出生，并不意味着未来

> “森”意味着他是平民，还意味着在他呱呱落地时幸运之神没有给予他任何特殊照顾。但他却成为了丹麦著名作家、童话大师汉斯·安徒生，他成功的道路并没有因贫苦的出身而受到阻碍。

“我是一个宫廷里的孩子，”在丹麦的一个儿童聚会上，一位漂亮的小姑娘这么说，“我的父亲是议院中的侍从官，这是一个很高的职位。”她不屑地撇撇嘴说，“至于那些姓氏以‘森’结尾的人，在他们面前，我们要两手叉腰，以便远远地跟他们保持距离。他们永远都成不了大器。”

“但是，我的爸爸可以毫不心疼地花一百元去买糖果，并把它们分给孩子们，”富商皮特森的女儿愤怒地反驳道，“你爸爸能这样吗？”

“是的，”一个编辑的女儿插嘴道，“你们的爸爸和所有人的爸爸都会被我爸爸登到报纸上。我爸爸说，因为他可以按照自己的想法决定把谁登到报纸上，所以各种各样的人都怕他。”

一个通过门缝往里面偷看的小男孩有些感慨地想，“噢，要是我能成为他们中的一个该多好啊！”他能站在那里还要得到厨师的允许，因为他平时经常为厨师做厨房的清洁工作。同样是站在这里，但是他与这些人完全不一样，他的父母甚至连一个子儿都没有，并且，他的姓氏就是以“森”结尾的。

日复一日，年复一年，时光流逝如水，当年那些在聚会上的孩子如今都已变成了风度翩翩的绅士和高贵典雅的淑女，他们中的一些人走进一座金碧辉煌的厅堂，在那里面布置了各种各样价值连城、精美绝伦的艺术品。他们遇见了这些艺术品的主人——当年那个怯生生的男孩。以前，他从门缝里偷看他们的游戏并以此为一种莫大奢侈，而现在，他已经成为了伟大的雕刻家，他就是丹麦伟大的艺术家、著名雕塑《耶稣和十二使徒》的作者阿尔伯特·巴特尔·托瓦尔森。

这里还有一个故事，是关于丹麦一个穷鞋匠的儿子的例子，这又是一个姓氏以“森”结尾的孩子，“森”意味着他是平民，还意味着在他呱呱落地时幸运之神没有给予他任何特殊照顾。但他却成为了丹麦著名作家、童话大师汉斯·安徒生，他成功的道路并没有因贫苦的出身而受到阻碍。

“饥饿没有什么可怕的，爸爸。”耳聋的男孩约翰·基托苦苦地央求父亲把他从救济院领出去，这个可怜的耳聋男孩有着一个成日酗酒的酒鬼父亲，他自己也被人看成是一个只会做鞋子的小乞丐，除此之外，人们认为他一无是处。他哀求父亲，想为自己争取去获得接受教育的机会，“我们生活在一个物资充足的社会中，并且，我知道怎么样来防止饥饿。不少霍屯督人不就曾经长期靠着一点点糖来维持生存吗？感到饿得难受时，他们就用一根带子把自己的肚子勒紧。我也可以那样做啊！再说，在原野上到处都可以找到萝卜，灌木丛里长满了坚果和黑莓，它们都可以用来充饥。一个干草垛就是一张很好的床。”

正是这个孩子，最终成了有史以来最优秀的《圣经》学者之一，名扬世界。基托博士的第一本著作就是在贫民院里完成的。

成功的大门对所有人敞开

命运对所有人都敞开着荣誉和成功之门。

根据一位作者在凯特·菲尔德编的《华盛顿报》中所撰写的文章记载，克莱恩是一个古希腊的奴隶，但是，在神圣的艺术殿堂前，他同样也是在美面前顶礼膜拜的一个奴隶。他以一种狂热的心态崇拜着美，美就是他的上帝、他的灵魂。在他所生活的时代，由于那位手握大权的波斯入侵者对艺术的反感和憎恶，法律规定除了自由民之外，奴隶是不允许从事和追求艺术的，否则就要被宣判死刑。当这样的一部法律通过时，克莱恩正在一个由与他具有同样兴趣的爱好者组成的小团体中忘我地工作，他希望自己的作品能够在某一天得到伟大的雕刻家菲迪亚斯的肯定，他甚至想得到伯里克利本人的赞赏。

现在该怎么办呢？克莱恩的回答就是在面前的冷冰冰的大理石块中，他将投入他的心灵、他的头脑、他的全部生命和精神。他每天都要虔诚地下跪，祈祷太阳神赐予他崭新的技巧和源源不竭的灵感。他自豪并且满怀感激地相信，太阳神阿波罗真的听到了他的祷告，并一直在旁边帮助着他，守护着他，指引着他手的动作，为那些他所雕刻的物体赋予了栩栩如生的生命活力。但是，现在，似乎诸神都抛弃了他。统治者居然出台了这样一部法律。

深爱他的姐姐克莉恩觉得弟弟的痛苦就是她的痛苦，她跟弟弟一样颇受打击，这件事令她万分难受。“噢，美神阿佛洛狄忒！”她祷告道，“不朽的阿佛洛狄忒，主神宙斯最具怜悯心的孩子啊！我的上帝，你是我的女王，我的保护神，我日日夜夜在你的神龛前奉上献礼。现在我们需要你无所不能的帮助！请你成为我的朋友，成为我弟弟的朋友吧！”

然后，她转向弟弟说道：“噢，克莱恩，继续你的工作，上帝会保佑我们的。你到我们屋子下面的地下室去工作吧！那里很暗，但我会为你准备食物和灯光的。”克莱恩搬到了地下室，他继续着自己那神圣而危险的创作。而他姐姐则日日夜夜精心地守卫和照料他。

时隔不久，雅典有一个艺术品的展览。所有的希腊人都被邀请到展览会上。这次展览在当地的大广场上举行，由伯里克利亲自主持。在他的旁边，站着他所宠爱的阿斯帕西娅、雕刻家菲迪亚斯、悲剧诗人索福克勒斯、哲学家苏格拉底以及其他许许多多的知名人士。

所有伟大的艺术巨匠的作品都被陈列于此。但是，在美不胜收、琳琅满目的艺术珍品中，有一堆作品显得尤为卓尔不群、出类拔萃——这堆作品成了人们瞩目的中心，所有人都在其摄人心魄的艺术美之前心荡神移、赞叹不已，就连那些参与竞争的艺术家也一个个心悦诚服地甘拜下风。它们是那么的精美绝伦，仿佛就是阿波罗本人凿刻出来的。

传令官问道：“谁是这堆作品的雕刻者？”没有人知道答案。他重复着这个问题，人群中还是寂静无声。“那么，这就是一个谜！难道它们会是出自一个奴隶之手吗？”

人群中突然出现了一股很大的骚动，一个清纯美丽的少女被拖到了大广场上，她头发蓬松，衣裳凌乱，双唇紧闭，大眼睛里满是坚毅的神色。“这个女人，”当地的行政官声嘶力竭地喊道，“我们所能确信的一点就是这个女人知道雕刻者的底细，但是她死活都不肯说出雕刻者的名字。”

克莉恩受到了严厉的盘问，但是，她用沉默回答所有问题。她被告知自己的行为应当受到的惩罚，然而，这位勇敢的姑娘还是一声不吭。“那么，”伯里克利说道，“法律是神圣不可违背的，而我恰恰是负责执法的人。把这位姑娘关到地牢里去。”

当他作出这番宣判的时候，一个一头长发的年轻人气喘吁吁地冲到了他的面前。这个年轻人尽管满脸憔悴，身材消瘦，但那黑黑的眼睛就如夜空中的两颗明星一样，闪烁着只有天才才有的那种耀眼光芒，他高声地央求道：“噢，伯里克利，请饶恕和赦免那个女孩吧！她是我的姐姐，我才是真正的罪魁祸首。那堆雕塑出自我的双手，出自我这个奴隶之手。”

愤怒的人群打断了他的话，群情激昂的人群爆发出这样的喊声：“把这个奴隶关到地牢里去，把他关到地牢里去。”

但伯里克利站了起来，威严地说道：“看一看那堆雕塑吧！阿波罗以他的名义告诉我们，与一部不正义的法律相比，在希腊有某些东西要更加重要。只要我活着，就不允许这种事情发生！法律的最高目的应该是扶植美的事物，发展美的事物。如果说雅典会永远活在人们的记忆中，会永留青史的话，那是因为她对艺术作出了巨大贡献，是这种贡献使得她名垂千古。不要把那个年轻人关到地牢里去，让他站到我的身边来。”

就这样，阿斯帕西娅当着聚会的成千上万的公众的面，把拿在自己手中的用橄榄枝编成的花冠戴在了克莱恩的额头上。与此同时，在人群如雷般的掌声和喝彩声中，她温柔地吻了克莱恩的姐姐。

雅典人还专门为伊索塑了一座雕像，以纪念这位著名的寓言作家，而他的出身也是一位奴隶。在古希腊，只要你能够在文学、艺术或战争中出类拔萃、卓尔不群，那么，你终将获得财富和不朽的名誉。没有任何其他国家能够在这方面做得这么好，能够如此激励和鼓舞那些在不幸的境遇中奋争前程、苦苦挣扎的人。由此我们不难知道，命运对所有人都敞开着荣誉和成功之门。

抓住每一个机会，搭建成功阶梯

对于威尔逊来说，他牢牢地抓住了生命中每一个稍纵即逝的机会，它们都是他一生的转折点。他将之当成通向成功之路的阶梯。

美国副总统亨利·威尔逊这样说道："我出生在贫困的家庭，当贫穷开始露出它狰狞的面孔时，我还在摇篮里牙牙学语。后来，我深深体会到，当我向母亲要一片面包而她手中什么也没有时是什么滋味。离开家那时，我才十岁，后来当了十一年的学徒工，每年可以接受一个月的学校教育，最后，在十一年的艰辛工作之后，我得到了一头牛和六只绵羊作为报酬。我把它们换成了八十四美元。从出生一直到二十一岁那年为止，我从来没有在娱乐上花过一个美元，每个美分都是经过精心算计的。我完全知道拖着疲惫的脚步在漫无尽头的盘山路上行走是什么样的痛苦感觉，我不得不请求我的同伴们丢下我先走……在我二十一岁生日之后的第一个月，我带着一对人马去采伐大圆木，我们进入了人迹罕至的大森林里。每天，当天际的第一抹曙光出现之前我却早已起床，然后就一直辛勤地工作到天黑后星星探出头来为止。在一个月夜以继日的辛劳努力之后，作为报酬我获得了六美元，当时在我看来这可真是一笔大数目啊！每块美元在我眼里都跟今天晚上那又大又圆、银光四溢的月亮一样。"

在这样的穷途困境中，威尔逊先生下定决心，不让任何一个提升自我、发展自我的机会溜走。他紧紧地抓住了零星的时间，就像抓住黄金一样，不让一分一秒无所作为地白白从指缝间流走。很少有人能像他一样深刻地理解闲暇时光的价值。

在他二十一岁之前，他已经设法读了一千本好书——想一想，对一个农场里的孩子，这是多么艰巨的任务啊！在离开农场之后，为了学习皮匠手艺，他徒步到一百英里之外的马萨诸塞州的内蒂克去。他风尘仆仆地途经波士顿，整个旅行只花费了他一美元六美分。他参观了邦克希尔纪念碑和其他历史名胜。一年之后，他已经在内蒂克的一个辩论俱乐部脱颖而出，成为其中的佼佼者了。后来，在马萨诸塞州的议会他发表了著名的反对奴隶制度的演说，此时距他到这里尚不到八年。十二年之后，他与著名的查尔斯·萨姆纳议员平起平坐，进入了国会。

对于威尔逊来说，他牢牢地抓住了生命中每一个稍纵即逝的机会，它们都是他一生的转折点。他将之当成通向成功之路的阶梯。

注重仪表，给人良好的第一印象

逢人便问他们是否需要帮手。但是，每次得到的回答都是千篇一律的“不，不需要”。他那怪里怪气的外表和衣衫褴褛的惨状使得许多人误认为他是一个逃跑的学徒。

“让我到服装店为你量身定做一套吧。以后再也不要穿着那邋遢古怪的衣服进城了。你应该打扮得整洁一点，贺拉斯。”斯德雷特先生说。贺拉斯·格里利好像以前从来没有注意到它们是如此破烂不堪似的，他自上而下地打量了自己的衣服，回答说：“你知道，斯德雷特先生，我的父亲正在一个新环境中开创新的事业，我希望我能够给他力所能及的帮助。”

他作为斯德雷特法官所办的伊利湖《政府公报》的代理人，每月可以领到一百三十五美元的工资。他是跟着他的父亲从佛蒙特州迁移到西宾夕法尼亚的，在过去的七个月里他总共只花了六美元用于个人消费。每月他只给自己留下十五美元，然后把余下的部分全部交给父亲。为了给父亲看守羊群，免得它们遭到饿狼的袭击，许多个夜晚他都在野地里风餐露宿，经常以天为被以地为床。

他长得高高瘦瘦，有着一张苍白的脸和一头亚麻色的头发，举止笨拙，声音嘶哑，已经快二十一岁了，于是他毅然决定去纽约寻找机会和财富。他把一堆破破烂烂的衣服卷成一团之后，挑在肩上的木棍上，就这样出发了。他长途跋涉了六十英里，一路上他历尽了磨难和煎熬，穿越大森林来到了布法罗，然后乘着一只独木舟顺流而下到了奥尔巴尼，在哈得逊河他又改坐驳船。在1831年8月18日，恰值太阳升起，他到达了纽约。

一个最廉价的旅店一星期只收两个半美元，他把它作为了暂时的落脚点。在漫长的六百英里的旅程中，他总共只花费了五美元。对他来说，当务之急就是找一份工作。他每天都在大街上看张贴在各个角落的招工广告，逡巡游荡，在一幢幢大楼里走进走出，逢人便问他们是否需要帮手。但是，每次得到的回答都是千篇一律的“不，不需要”。他那怪里怪气的外表和衣衫褴褛的惨状使得许多人误认为他是一个逃跑的学徒。

在一个周末，贺拉斯·格里利得知“西部印刷公司”正在招收印刷工的消息。于是，星期一凌晨五点钟，他就在西部印刷公司的门口苦苦等候了。七点钟时，他终于见到了工头，他请求工头能给他一份工作。但那个工头认为，在公司任何需要增添人手的部门的任何工作，这个来自乡下、没有任何经验的毛头小伙子都不可能胜任，因为他们需要的是能为不同语言版本的《圣经》排印铅字的熟练工人。尽管如此，那个工头还是说：“让我们看看他是否能有什么用，给他安排一件差使吧！”公司的经营者后来知道了这一事情后，当即表示反对。他告诉工头，等贺拉斯第一天的活干完之后就让他滚蛋。但是，到那天的晚上，贺拉斯提交了他漂亮的成绩单，他干的活是整个公司所有职员中最多的，并且是出错率最少的。

十年之后，他创办了《纽约人报》——这是当时全美国最好的周报，但它并没有带来巨额的利润。贺拉斯·格里利同时也是一家小型印刷公司的合伙人。当哈里森在1840年被提名为总统候选人时，贺拉斯·格里利开始创办《小木屋》，这份报纸的发行数量达到了九万份，这在当时几乎是令人难以置信的。但是，由于每份报纸仅售一个便士，价格非常低廉，他还是没有赚到钱。

创办《纽约论坛报》是他的下一步冒险计划，他将每份定价一美分。为了打开局面，他甚至从朋友那里借了一千美元，并在出版第一期时印刷了五千份。当然，万事开头难，最初肯定是非常困难的，要推销出去五千份报纸难度很大。但是，仅仅六周之后，读者对《纽约论坛报》的需求与日俱增，他的订户已从原先的六百户激增到了一万一千户。后来，需求量太大，以至于即使所有的印刷机器都超负荷运转，还是满足不了要求。这在很大程度上跟这份报纸的立场和风格有关，尽管贺拉斯作为编辑难免犯这样那样的错误，但是，他总是在想方设法地使自己保持一种捍卫正义的立场。

相信自己，全力以赴

正如任何事业在开创之初总是困难重重、历经波折一样，《纽约先驱报》的起步之路也是坎坷崎岖，但是，随着那幢矗立在纽约百老汇与安街交汇处，当时最为壮观威严的新闻办公大楼的落成，《纽约先驱报》也宣告了它在报界不可撼动的地位。

1825年著名报人詹姆斯·贝内特在经营《纽约信使报》时遭到了挫折，1832年他的《寰球》又宣告破产，此后不久他的《宾夕法尼亚人》也以失败告终。至此，人们觉得贝内特仅仅是新闻界一个聪明多产的记者而已。

他在经过十四年的辛苦劳动和勤俭节约之后，大约积攒了几百美元。1835年，他找到贺拉斯·格里利，希望能够和他一起合作创办一份新的日报《纽约先驱报》。贺拉斯·格里利向他推荐了两名年轻的印刷工，但并没有同意和贝内特一起经营这份日报，这两个印刷工成了贝内特的合伙人。

1835年5月6日，《纽约先驱报》创刊，当时它所有的资金仅能维持十天的花费。在华尔街租借的一间狭小的地下室成了贝内特的办公室，他们的办公桌更是极其简陋，仅仅是在地下室里面摆了一把椅子，再在两个圆桶上面架一块厚木板。除了印刷之外，他们在这间斗室里完成所有的工作，就此开始了这份在美国新闻史上有着巨大影响的日报的创办历程。

当时，这样一种报纸的形式属于首创，在美国还不为人知，因为在此之前的报纸都是属于某个机构的。慢慢的，他们的报纸以报道速度的迅速及时、报道内容的全面丰富和新颖独特，逐渐广为人知。这些年轻人站稳了脚跟，开始一步一步地朝着理想迈进，他们的事业日益兴旺发达。与同类的竞争者相比，无论是新闻采集的速度和方式，还是新闻报道的广度和深度，他们都要更胜一筹。他们往往是不遗余力，不惜花费去获得那些能够引起大众兴趣的、及时可靠的信息。正如任何事业在开创之初总是困难重重、历经波折一样，《纽约先驱报》的起步之路也是坎坷崎岖，但是，随着那幢矗立在纽约百老汇与安街交汇处，当时最为壮观威严的新闻办公大楼的落成，《纽约先驱报》也宣告了它在报界不可撼动的地位。

一无所有时，不要忘记努力拼搏

这个年纪轻轻的人决不轻言放弃，他有着充沛旺盛的精力、坚定不移的意志和年轻人开拓事业所特有的魄力。

“在你一无所有之时，你唯一的选择就是努力拼搏。”当你走进乔治·蔡尔德在费城的私人办公室时，首先吸引你注意力的是这条挂在墙上的格言——同时也是一条促使一个其他人看来毫无机会、不名一文的男孩最终出人头地的最高准则。从很小的时候起，拥有《费城纵横》和出版这份报纸的办公大楼就是蔡尔德的梦想。

但是，他怎么能指望拥有这份著名的报纸呢？这个时候他还只是一个每周只能挣两个美元的穷小子，这难道不是一种痴心幻想吗？然而，这个年纪轻轻的人决不轻言放弃，他有着充沛旺盛的精力、坚定不移的意志和年轻人开拓事业所特有的魄力。他在一家书店里干了一段时间，辛苦地工作，积攒了几百美元。随后，他就准备要雄心勃勃地大展宏图了。最初他是从做图书出版起步的，他所出版的一些图书，诸如《凯恩的北极远征》等图书都很畅销。他的图书因为内容新颖、视角独特而在商业上获得了巨大的成功。他有着高度的商业敏感性，他十分清楚什么样的图书能够吸引公众的注意力，这样，他的出版事业发展得很顺利，开始蒸蒸日上。

于是，他开始展开自己的下一步计划。在当时，由于每天都在赔钱，《费城纵横》这份报纸的经营很是惨淡，而蔡尔德的朋友们也多次劝告他要谨慎行事，然而，1864年，蔡尔德童年时的美梦终于成真。他不顾朋友的劝告还是毅然买下了这份报纸。接下来的任务就是要整顿这家经营不善的报纸，他的举措雷厉风行。他的第一步棋出乎所有人的意料，竟然把征订价格提高了一倍，但同时减少了广告版面的比例。由此，《费城纵横》开始重新吸引读者的注意，这次凭借的是新闻评论和新闻内容，这家濒临绝境的报纸重新走上了繁荣兴盛的发展轨道。

有很多年，这份报纸一直是美国新闻界的佼佼者，它的年利润居然高达四十万美元。而且不管形势多么困难，经济状况多么窘迫，他从不削减雇员的工资。即便费城所有的同行迫于经济压力都这样做时，他仍然固守这一原则。

逆境，是最好的学校

> 要有一段穷困破落的记忆，人们才能获得深邃的思想，或者取得巨大的成功。

大约在一个半世纪以前，在法国里昂的一个盛大宴会上，就某幅绘画到底是描绘了古希腊真实的历史画面，还是表现了古希腊神话中的某些场景，来宾们展开了激烈的争论。看到来宾们一个个吵得不可开交，争得面红耳赤，气氛越来越紧张，主人灵机一动，转身请旁边的一个侍者来解释一下画面的意境。

结果，令所有在座的客人都大为震惊，这位侍者的解释思路显得非常清晰，理解非常深刻，而且观点几乎无可辩驳。他对整个画面所表现的主题作了非常细致入微的描述，这位侍者的解释立刻就解决了争端，所有在场的人无不心悦诚服。

“先生，请问您是在哪所学校接受教育的？”带着极其尊敬的口吻，在座的一位客人询问这位侍者。“我在许多学校接受过教育，阁下”年轻的侍者回答说，“但是。我在其中学习时间最长，并且学到东西最多的那所学校叫做‘逆境’。”这个侍者的名字就叫做让·雅克·卢梭。

卢梭早年过着饥寒交迫的生活，这也使得他有机会成为一个对完整的生活有着深刻认识的人，尽管此时他只是一个地位卑微的侍者，然而，那个时代和整个法国最伟大的天才将很快像暗夜里的闪电一样照亮整个欧洲——那就是让·雅克·卢梭的名字和他那闪烁着人类智慧火花的著作。

是的，人世沧桑和艰难困苦是最为崇高又最为严厉的老师。要有一段穷困破落的记忆，人们才能获得深邃的思想，或者取得巨大的成功。幸福的城邦养育的人们往往轻浮浅薄，而不幸的土地造就的子孙才会严谨、深刻、坚韧而执著。

由于生活上的困顿和物质上的匮乏，一个名叫普拉特·斯宾塞的男孩买不起练习书法的纸张。然而，他凭着天性中的刚毅坚韧，克服了艰难困苦，大自然赐予他的最好的书写纸——那就是伊利湖四周光滑如镜的沙滩。后来，他成了美国最著名的书法家之一。他奠定了成为著名书法家的基础的地方正是在伊利湖畔，并且形成了斯宾塞书法体系的基本框架和原则，是人类有史以来对英文书法艺术最完美的表达和阐释。

面对贫困窘迫，依然要坦然达观

如果说我在这样贫苦的现实中尚且能够征服困难、出人头地的话，那么，在这世界上还有哪个年轻人可以为自己的庸庸碌碌、无所作为找到开脱的借口呢？

整整八年时间，威廉姆·科贝特一直赶牛犁地，但这种沉闷单调的生活，年轻的心灵早已经厌倦了，他总想去闯荡一番，想去外面更广阔的天地见识一番。后来，他一个人跑到了纽约，为法院抄写文件，这个活儿他干了八九个月，随即便应征入伍，参加了一个步兵团。

在他第一年的军旅生涯中，他成了查塔姆一个流动图书馆的常客，他如饥似渴地阅读里面能找到的每一本书，获得了丰富的知识。

威廉姆·科贝特对他当年如何学习英语语法的回忆，对所有身处困境中的莘莘学子来说，一定有着极大的教益作用。他这样说："当我还只是一个每天薪俸仅为六便士的士兵时，我就开始学语法了。我学习的地方就是我铺位的边上，或者是专门为军人提供的临时床铺的边上；我的背包也就是我的书包；我有一个简易的写字台，那就是一块放在膝盖上的木板。在将近一年的时间里，我没有为学习买过任何专门的用具。我没有钱来买灯油或者是蜡烛；在寒风凛冽的冬夜，除了火堆发出的微弱光线之外，我几乎没有任何光源；而且，也只有在轮到我值班时才能得到在亮光下看书的机会，而那也仅仅是火堆发出的亮光。我不得不节衣缩食，从牙缝里省钱来买一支钢笔或者是一叠纸，所以我经常处于半饥半饱的状态。”

“用来安静学习的时间我根本都没有，我甚至没有任何可以自由支配的时间。我不得不在战友和室友的尖利的口哨声、粗鲁的玩笑、高谈阔论、大声的叫骂等等各种各样的喧嚣声中努力定下心来读书写字。要知道，他们中至少有一半以上的人是属于最没有思想和教养、最粗鲁野蛮、最没有文化的人。你们能够想象吗？”

“我要付出相当大的代价才能得到一瓶墨水、一支笔或几张纸。每次，那枚揣在我手里的小铜币似乎都有千钧之重，因为它是用来买笔、买墨水或买纸张的。要知道，在我当时看来，那可是一笔大数目啊！当时我的个子已经长得像现在这般高了，我的身体很健壮，体力充沛，运动量很大。除了食宿免费之外，每周我们每个人还可以得到两个便士的零花钱。曾经有一个场面我至今仍然清楚地记得，回想起来简直就是恍如昨日。有一次，我在市场上买了所有的必需品之后，居然还剩下了半个便士，于是，我决定在第二天早上去买一条鲱鱼。当天晚上，我的肚子在不停地咕咕作响，饥肠辘辘地上床了，我觉得自己快饿得晕过去了。但是，不幸的事情还在后头，当我脱下衣服时，我竟然发现那宝贵的半个便士不知道在什么时候已经不翼而飞了！一下子我感觉如同五雷轰顶，我顿时绝望地把头埋进发霉的床单和毛毯里，就像一个孩子般伤心地号啕大哭起来。”

但是，即便是在这样贫困窘迫的不利环境下，科贝特还是坦然达观地面对生活，在逆境中积蓄力量、追求知识，坚持不懈地追求着卓越和成功。他说：“如果说我在这样贫苦的现实中尚且能够征服困难、出人头地的话，那么，在这世界上还有哪个年轻人可以为自己的庸庸碌碌、无所作为找到开脱的借口呢？”

在常人看来，戴维·汉弗雷出身贫寒，他接受教育和获得科学知识的机会都很有限。有这样生活背景的人肯定算不上命运的宠儿。然而，他是一个有着真正的持久毅力和坚定信心的小伙子。当他在药店工作时，他甚至把旧的烧水壶、平底锅和各种各样的瓶子都用来做实验，锲而不舍地追求着真理和科学。后来，戴维以电化学创始人的身份出任英国皇家学会的会长。

利用劳作间隙，把握零散时间

这样的情景还历历在目：我的脚上裹上一团烂棉絮，因为我实在买不起鞋穿，就这样在齐膝深的雪地里深一脚浅一脚地跋涉了两英里，到达好心的凯斯先生家并借到书时，我真是欣喜若狂、手舞足蹈。

美国著名政治活动家瑟罗·韦德评论道："有许多农民的儿子，要想提高自己的智力与精神状态，只能利用紧张劳作的间隙。至少就我个人经验而言，就是如此。在夜深人静的时候，你只需守着开水壶并注意一下炉火，你的思维开始活跃起来，白天疲惫的身心慢慢地恢复了元气，大脑在高速地运转，黑暗被智慧的光芒照亮。有许多个夜晚，我都是在一个名叫'大松树商店'的店铺里度过的，那里的老板待人温和，糖果柜里散发出明亮耀眼的灯光，借着亮光我能够惬意地看着书。我记得，我就是以这种方式看完了一本讲述法国大革命历史的书。这场轰轰烈烈的伟大革命中的所有重大事件，它的每一个风云变幻的时势，它那血腥味和杀气腾腾的恐怖气氛，还有成批的伟人领袖，他们站在时代浪潮的峰顶上慷慨陈词，这都深深地震撼了我。可以这么说，我从这一本书中得到的知识比以后所有此类读物中得到的知识加起来还多。这样的情景还历历在目：我的脚上裹上一团烂棉絮，因为我实在买不起鞋穿，就这样在齐膝深的雪地里深一脚浅一脚地跋涉了两英里，到达好心的凯斯先生家并借到书时，我真是欣喜若狂、手舞足蹈。”

争分夺秒，成就美好未来

> 到现在，这位显赫人物回忆起童年在莱克星顿的灌木丛和岩石上争分夺秒地努力学习、奋发拼搏的情景，仍然会感到无限的愉快和温馨。

这是八月的一个下午。帕克的父亲是莱克星顿一位没多大出息的水车木匠。“我明天可以休息一天吗，爸爸？”西奥多·帕克怯生生地问道。做父亲的很惊讶地看着他这个最小的儿子，因为这时候正是活儿最忙的时候。但是，做父亲的爽快地答应了这个要求。因为，从帕克充满期盼的眼睛中，他看出了自己别无选择。

第二天凌晨，西奥多早早地就起来了，风尘仆仆地在泥泞的道路上走了十英里，赶到了哈佛学院，这天是一年一度的新生入学考试，他决定也去参加。他从八岁那年起，就没法正常地接受学校教育，但是，他还是想方设法地在每年冬天挤出三个月的时间上学。在其他的时间里，他还利用所有的空闲时间来读那些借来的有益书籍。无论什么地点，即使他在跟着牛犁田或是做其他的活儿，他都一遍一遍地在脑海里默默地回忆和背诵学过的课文，直至滚瓜烂熟为止。但是，有一本他想读的书没法借到，然而，他又非常渴望拥有它。于是，在一个夏天的早上，天际的第一抹曙光还没有出现时，他就早早起床了，他先到原野里采摘了一大筐的浆果，然后，把这些浆果送到波士顿去卖，那本渴望已久的拉丁词典便用浆果换来的钱买到了。

“好样的，孩子！”那天深夜，水车木匠高兴地赞扬道，因为儿子回到家告诉了父亲自己考试成功的消息。

“但是，西奥多，我没有钱供你到哈佛读书啊！”“不要紧的，爸爸。”西奥多说。他已经决定不住到学校里去。他也这么做了，平时在家里利用空闲自学并准备期末考试。“只要我通过了考试，我就可以获得一张学位证书了。”后来，他成功地做到了这一点。当他长大成人以后，通过在学校里教课积攒了一笔学费，他又在哈佛学习了两年，并最终以优异的成绩毕业。

时光如梭，岁月流逝，西奥多·帕克如今已是一代风云人物。作为著名的废奴运动倡导者和社会改革家，作为首席大法官蔡斯、国务卿西沃德、著名参议员萨姆纳、哈里森总统、著名教育家贺拉斯·曼、反奴协会主席温德尔·菲利普斯等人的密友和事业顾问，如今在整个美国西奥多·帕克的影响力是不可估量的。一直到现在，这位显赫人物回忆起童年在莱克星顿的灌木丛和岩石上争分夺秒地努力学习、奋发拼搏的情景，仍然会感到无限的愉快和温馨。

阅读，可以改变生命的轨迹

有些人可能会觉得自己没有任何资本，甚至不具备任何条件来创业。但是，年轻人，到图书馆去吧，借一些好书，看一看我们每个人拥有上帝赋予的多么奇妙的财富。

父亲离开人世的那一年，小埃利胡·布里特才十六岁。于是，他不得不到本村的一个铁匠铺当学徒。每天，在炼炉边工作的时间很长，他要用十到十二个小时来工作；但是，这个勤奋的小伙子却一边拉着风箱，一边在脑海里紧张地进行着复杂的算术运算。伍斯特的图书馆藏书丰富，他便成为了那里的常客。“我一生中最自豪的时光，”埃利胡·布里特说，“是我第一次彻底地理解了荷马的《伊利亚特》最开始十五行的真正内涵时。”在他当时所记的日记中，就有这样的一些条目——“6月18日，星期一，头痛难忍，坚持看了40页的居维叶的《土壤论》、64页法语、11课时的冶金知识。6月19日，星期二，看了60行的希伯来语、30行的丹麦语、10行的波希米亚语、9行的波兰语、15个星座的名字、10课时的冶金知识。6月20日，星期三，看了25行希伯来语、8行叙利亚语、11课时的冶金知识。”

终其一生，布里特掌握了32种方言，精通了18门语言。他被人尊称为“学识最为渊博的铁匠”，并以其为人类文明作出的杰出贡献而名垂史册。当爱德华·埃弗雷特在谈及这个出身贫贱的男孩是怎样自学成才时，曾经不无感慨地说："他的奋斗史足以使那些拥有优越条件和良好教育机会的人无地自容。"

克里斯娜·尼尔森总是赤着双脚，她生活在瑞典一个偏僻的地方，她同样算不上命运的宠儿，既没有富有的双亲，也没有高贵的家世。然而，凭借着她那优雅的歌声所饱含的温情产生的无穷魅力，她赢得了世人的尊敬，并用歌声征服了整个世界。

"就你们所面对的不利环境，我想谈一点看法。"塔尔梅吉博士深有感触地对年轻人说，"事实上，现在你们是和那些最终会超越芸芸众生的卓越人物站在同一条起跑线上。如果你们记住我的话，并在三十年之后好好地回味咀嚼，你们将会发现，到那时，主宰着这个国家的命运和前途的那些位高权重之人、那些才智卓绝之士——既包括口若悬河的雄辩之士，也包括才华横溢的诗人作家；既包括实力雄厚的工业巨头，也包括仗义疏财、挥金如土的慈善家；既包括运筹帷幄、叱咤风云的政治家，也包括家财万贯的亿万富翁——他们现在都与你们站在同一条起跑线上，跟你们一样的捉襟见肘，不会比你们有丝毫的优越条件，甚至一样的穷困潦倒。"

"有些人可能会觉得自己没有任何资本，甚至不具备任何条件来创业。但是，年轻人，到图书馆去吧，借一些好书，看一看我们每个人拥有上帝赋予的多么奇妙的财富。这些财富就在你的眼睛里，在你的耳朵中，在你的脚下，在你的手中。然后，让命运的医生带你到解剖室，听一听他对你所读的内容是如何解释的。至于说到条件，即便是世界上最贫穷的年轻人，他的身上也具备所有上帝能够赐予他的礼物和财富。永远不要再犯这样的错误，说自己没有创业的起步资本，这简直就是在亵渎上帝。"

跨出第一步，是成功的前提

> 对于那些不敢在生活中跨出最重要的第一步，而且习惯于怨天尤人的年轻人来说，他们认为比起那些敢于大胆探索、勇于创新的同龄人，一个报童成功的机会要远远小得多。

对于那些不敢在生活中跨出最重要的第一步，而且习惯于怨天尤人的年轻人来说，他们认为比起那些敢于大胆探索、勇于创新的同龄人，一个报童成功的机会要远远小得多。在常人眼里，报童是不太可能在任何一个领域有大的作为的。对美国大陆的工业革命起到了历史性推动作用的大发明家托马斯·爱迪生，就曾经是大干线铁路上的一个报童。在十五岁时，爱迪生就已经开始涉猎化学领域，他自己还准备了一个流动的实验室。一天，当他正在从事一些秘密实验时，突然火车拐了一个大弯，结果装有硫磺酸的瓶子破裂了。一股怪异的气味随即飘散了开来，同时还发生了一系列复杂的化学反应。列车长深受其害并觉得忍无可忍，立即把这位年轻的科学爱好者驱逐了出去。

这样的例子不胜枚举。在爱迪生的发明生涯中，他尝尽了世态炎凉，经历了一个又一个危险的场面，但他每一次都是处变不惊、化险为夷。他最终成为世界科学园地里最辉煌璀璨的一颗明珠，成为了伟大的发明大王，人们对他及他的成果交口称赞。当被问及成功的秘诀时，爱迪生说，他始终过着一种有节制的生活，除了工作之外，他在任何事情上要求都不高。

丹尼尔·曼宁是克利夫兰总统的首席竞选负责人和财政部长，但他的事业生涯也是从报童开始的。大卫·希尔、瑟罗·韦德等人也都是报童出身的出色人物。这样一些雄心勃勃、从社会的最底层一步一个脚印地往上爬的报童，在纽约似乎随处可见。

坚持不退缩，就会获得他人的支持

> 我将坚守阵地，不退却半步；我既不会模棱两可、含糊其辞，也不会为自己寻找托辞；我相信，终有一天世界将听到我的声音并理解我。

很久以前，在波士顿一所条件很差的公寓里，两个没有任何教育背景、默默无闻的年轻人见了面，在这里他们一起下定决心，要对这个社会一种根深蒂固的制度——黑奴制度发起挑战。然而，他们的想法无异于以卵击石，尤其是对两个初出茅庐的年轻人来说，他们什么条件也没有，甚至在世俗的眼光中，他们的行为是那么的愚蠢可笑。要知道，他们所面对的是多么强大的敌人——这种制度牢牢地根植于我们国家最深层的政治土壤中，而且还与所有其他的社会机制和既得利益有着千丝万缕的联系，不论是政客、学者、教会人士还是有权有势者，也不论他们各自的政见或信条有着多么大的分歧，对于这一制度他们却都一致地拥护。

那么，这两个年轻人又凭借什么来对抗整个国家的偏见和狭隘，对抗整个社会呢？尽管艰难险阻布满了前进的路途，尽管目标是如此的遥不可及，但是，在他们的灵魂中神圣崇高的信仰之火却一直熊熊燃烧着，他们对于自己所追求的事业无比执著、无比虔敬。这两个年轻人中的一个——本杰明·伦迪——他是一个有着非凡毅力的年轻人，很早就在俄亥俄州创办了一份《普遍自由精神报》。他每个月都要跋涉二十英里，从印刷所把所有的报纸驮回家。为了增加报纸的征订户数，他不辞辛苦地徒步穿越四百英里到田纳西州作宣传。

他在威廉姆·哈里森的帮助下，更积极地在巴尔的摩开展了工作。在当时，这个城市充斥着令人心碎、惨不忍睹的奴隶拍卖市场上的情景；主要街道上到处都是关押奴隶的围栏；那些被装在运奴船上的不幸者凄凉地离开家乡和亲人，被送往南方的港口；而且经常会发生暴力捕捉奴隶的事件，手段之残忍，令人发指，所有这一切都给哈里森留下了不可磨灭的印象。由于家庭贫困，哈里森的母亲无法供他上学，但是，早在幼年时期，母亲就谆谆教导他要反对专制和压迫。这个年轻人决定要进行不屈的斗争，为这些可怜的不幸者去争取自由，为此他甚至不惜献出自己的生命。

在他们的第一期报纸中，哈里森大声疾呼应该废除奴隶制度，立即解放奴隶，结果招致了整个社会的责骂与反对，向他压过来的是排山倒海般的谩骂和侮辱。而后，他被逮捕入狱。这个消息深深地触动了他在北方的一位高尚正直的朋友约翰·惠蒂埃，但是，由于他本人的经济状况无法为哈里森交罚金，于是，惠蒂埃转而写信给亨利·克莱，请求后者为哈里森交罚金，以便把他解救出来。经过四十九天的牢狱之灾，哈里森被释放出来。

温德尔·菲利普斯在谈到哈里森时说：“他在二十四岁时因为自己所持的观点而被监禁。他正值青春年华时就对整个国家的罪恶发出了强有力的挑战。”

哈里森在波士顿长年累月地孤军奋战。他在这个城市既没有朋友的支持，也得不到任何有影响的社会势力的帮助，于是，在身无分文的情况下，他在一间狭小的阁楼上开始了《解放者》的创办。看一看这个饥寒交迫、“毫无机会”的年轻人在第一期报纸上的铮铮宣言吧：“我将像正义一样不屈不挠，像真理一样严厉无情。我的情感发自肺腑。我将坚守阵地，不退却半步；我既不会模棱两可、含糊其辞，也不会为自己寻找托辞；我相信，终有一天世界将听到我的声音并理解我。”他孤军奋战，凭着个人的努力与那个时代最根深蒂固的偏见作战，体现了大无畏的勇者姿态。

波士顿市长奥蒂斯收到了南卡罗莱纳州的霍恩·海恩写的一封信，信中说有人给他送来了一份《解放者》，并要求他核查一下出版者的名字。奥蒂斯回信说，他发现是一个贫困的年轻人“在一个光线昏暗的洞里印刷了这份不起眼的报纸，支持他的是一些有着各种各样肤色的人，他唯一的助手是一个黑人男孩，他们全都籍籍无名，不足挂虑”。

但是，这个吃饭、睡觉和印刷都在那个“光线黑暗的洞里”的年轻人，这个贫困的年轻人，却用他的努力、思想和文字，使得整个世界都开始思考。

南卡罗莱纳州的警局悬赏一千五百美元，鼓励人们揭发传播《解放者》的人。乔治亚州的立法机构明文告示，悬赏五千美元捉拿哈里森。在当时的很多人看来，这样的危险分子必须被镇压！有一个或两个州的行政长官也悬赏捉拿编辑者。人们到处在攻击和指责哈里森和他的助手，几乎没有人为他所从事的事业呐喊助威。

因为支持哈里森的事业，一个名叫洛弗乔尔的牧师在保护哈里森的印刷机时在伊利诺被一群暴民杀害。而在被称之为“美国自由传统的摇篮”的马萨诸塞州，所有的实业巨头、文化名流和权威人物都聚集到了一起，愤怒地要求严惩这位“废奴主义者”。在黑压压的人群中，只有一个人，一个大有前途的叫温德尔·菲利普斯的年轻律师，要求走上高高的讲台发言，他发表了一篇在法纳尔厅闻所未闻的演说。

“当我听说绅士们把在奥尔顿杀害了洛弗乔尔的凶手的名字

与奥蒂斯、汉考克及亚当斯这些熠熠闪烁的名字相提并论时，”温德尔·菲利普斯一边说，一边指着那些挂在墙上的肖像，“我想这些画上原本紧闭的嘴唇一定会发出愤怒的声音，谴责那些对死者进行造谣诽谤的无耻小人，谴责那些胆小懦弱的美国人。在我们所生活的这片神圣的土地上，到处都洒满了先驱者和清教徒的鲜血。根据那个逝去的灵魂的所作所为，在这片美丽的土地上，每一片沙滩，每一枚青翠的树叶，每一只鸣叫的昆虫，每一小片耕地，甚至就连树木中流淌的树液，也将满载对他的记忆。”

整个国家都为这些火热的心灵所激动、所感奋。

漫长而激烈的冲突一直存在于北方的先驱者和南方的种植园主之间，即便是在遥远的加利福尼亚，两种势力的对立也是那么的明显。随着内战的爆发，这种冲突也达到了最激烈的程度。在战争结束之后，历经三十五年不屈不挠英勇斗争的哈里森，以国家贵宾的身份，受到了林肯总统的接见。他看到了星条旗重新在萨姆特要塞上迎风招展。一位被解放了的奴隶向他致了热情洋溢的欢迎词，两个曾经是奴隶的姑娘，把一个美丽的花冠戴在了哈里森的头上，以此来表示对他的无限感激。他的功绩将彪炳史册，他点燃的火炬照亮了其他人的心灵，这火炬代代相传，最后终将亮彻人心。

保持高贵品格，全世界都会为你侧目

在他那滔滔不绝的雄辩、不可辩驳的言辞和坚韧不拔的品格面前，所有的贵族都为之战栗。

大约正在此时，被压迫者的又一位忠实正直的好朋友，英国政治活动家理查德·科布登，在伦敦逝世了。

科布登的父亲很早就去世了，留下了九个嗷嗷待哺、一贫如洗的孩子。在孩提时期科布登就为一个邻居放羊，以此来自谋生计。他丝毫没有机会来接受学校教育，这种状况一直维持到他十岁那年。后来，他被送到了一所寄宿学校。在那里，小男孩每天都处于半饥半饱的状态，备受虐待，要给家里写一封信需要经过漫长的三个月。他后来到了伦敦，在叔叔的店铺里做小职员，那一年他十五岁。在这期间，靠着起早贪黑，像挤牛奶一样从繁忙的工作中挤出时间，他争分夺秒地自学了法语。很快，他坐着一辆马车，以商业人士的身份开始到各地工作。

科布登拜访了约翰·布莱特，希望能够得到后者的帮助，联手反对残酷的《谷物法》。因为他认为，这部法律是劫贫济富的，是不正义的，其作用就是把面包从穷人的口中夺走，并把它喂到富人的嘴里。但他发现布莱特先生正沉浸在巨大的悲痛之中，因为他的妻子刚刚离开人世。

理查德·科布登劝说道：“你知道吗？有多少妻子、母亲和活泼可爱的孩子因为饥饿而濒临死亡，在英国，有成千上万的家庭跟您遭受了同样的不幸。现在，在最初的巨大哀痛过去之后，请您擦干自己的泪水，跟我一起并肩作战，直到《谷物法》被废止为止。我们将永不松懈，永不妥协。”

看到穷人那可怜巴巴的面包被迫在海关接受检查并被课以重税，富裕的大地主和农场主把这些税收全部占有了，科布登再也难以忍受，他浑身都充满了战斗的力量，感到全身的热血都沸腾起来了，他怒不可遏地要对这种不公正的法律发起攻击。“这并不单纯是某一部分人的问题，”科布登说道，“社会各界都应该联合起来进行抵抗。这是一个关系到我们衣食生存的问题——是涉及工人阶层同少数贵族与成千上万的普通劳动者之间关系的问题。”

于是，他们组成了一个“反谷物法同盟”，爱尔兰饥民们都大力拥护这一同盟的行动——正是饥饿本身冲破了原有法律规定的层层壁垒，并最终击败了顽固势力——1846年英国的《谷物法》被宣布废除。“一切都要归功于理查德·科布登的努力和贡献。英国所有的贫苦人才可以吃上更好、更大、更便宜的面包。”布莱特先生曾经不无感慨地说。

约翰·布莱特本人是一个穷困潦倒的工人的儿子，高等教育的大门在他所生活的年代对穷人是紧闭着的。但是，当看到爱尔兰和英国无数的饥民在《谷物法》的压榨下不得不苦苦支撑、忍饥挨饿，在死亡线上挣扎时，这样的情景深深地触动了这个贵格会教徒那坚毅而高贵的心灵，他的内心奔涌着对穷苦人无比深切的同情。

在爱尔兰发生的可怕的大饥荒中，在一年内有200万爱尔兰人失去了他们的生命。目睹这样惨绝人寰的悲剧，约翰·布莱特比以往任何时候都更加积极地投入了战斗，他的名字比英格兰任何政治精英和社会名流的名字都更有影响力。在他那滔滔不绝的雄辩、不可辩驳的言辞和坚韧不拔的品格面前，所有的贵族都为之战栗。

不放弃梦想，才能抓住前行的机遇

总有一天你们会认识我的价值，这样的一刻终会到来。

一个名叫迈克尔·法拉第的穷孩子住在伦敦一所破败不堪的马房里。每天他都要背着一大捆报纸到街上叫卖，以一便士一份的价格将它们出售给路上的行人，以此来维持生计。他还曾当过七年的学徒，在装订商和图书出版商那里学习。有一次，在装订大不列颠百科全书时，无意间他看到了一篇介绍电的文章，这篇文章像磁铁一样吸引了他，他一口气读完了它。他找到了一个旧的平底锅、一个玻璃药水瓶，再加上几样简单的工具，就开始做起实验来。

这个小男孩的求知欲把一位顾客深深地感动了，他把法拉第带去听著名化学家汉弗莱·戴维先生的精彩讲座。迈克尔·法拉第鼓足了勇气，给这位伟大的科学家写了一封信，并把自己记的讲座笔记送给戴维先生本人审阅。

此后不久的一个夜晚，正在法拉第即将上床休息时，他那简陋的住处前停下了汉弗莱·戴维先生的马车，一位仆人下了车并递给他一封戴维先生亲笔书写的邀请信。法拉第读着信上的内容，几乎无法相信自己的眼睛。汉弗莱·戴维先生请法拉第在第二天早上去拜访他。

次日早上，他如约拜访了汉弗莱·戴维先生。戴维先生想请他做一些搬运设备和清洗实验仪器的工作。戴维先生做实验的时候，在用一些危险的爆炸性试剂时，会在脸上戴一副用玻璃制作的安全面具。法拉第那充满了求知欲的视线始终没有离开这位大科学家，全神贯注地观察着他的一举一动。

经过一段时间的观察和学习，法拉第自己也做起了实验。很快，因为法拉第那超凡脱俗的悟性和突飞猛进的成绩，许多一流的科学研究人员邀请这个穷孩子，这个当初没有任何“机会”的穷孩子为他们做讲座。这个自强不息的男孩终于站在巨人的肩膀上，攀登上了科学的巅峰。

英国物理学家廷德尔对法拉第曾经有过这样的评价：“他是迄今为止最伟大的实验哲学家。”法拉第的导师汉弗莱·戴维先生更是以他为荣。当被问及他一生中最大的发现是什么时，戴维自豪地说：“我一生中最大的发现就是迈克尔·法拉第。”由于其卓越的成就，迈克尔·法拉第被任命为伍尔维奇皇家学院的教授，成为了他所在时代科学园地中最瑰丽的一棵奇葩。

在常人眼里没有机会的男孩迪斯累利这样说：“前人能做到的我照样也能做到。”他后来成了英国首相。“我不是一个俘虏，也不是一个奴隶，凭着我的精力，我可以战胜和跨越一切障碍。”迪斯累利作为一个犹太人的子孙，他的血管里流淌着犹太人那顽强不屈的血液。尽管整个世界似乎都在和他作对，他却牢牢地记住了那些不朽名字的光辉业绩：丹尼尔，他在公元前五世纪是世界上最伟大帝国的元首；约瑟夫，他在四千多年前是埃及的最高主宰。

梦想成为一种激情，深深扎根于迪斯累利的现实生活之中。少年之志犹如燎原的星火。迪斯累利通过不懈的努力和抗争，从社会的最底层跨入了中产阶层的行列，接着又雄心勃勃地杀入了上流社会，直到最终登上了权力金字塔的顶峰，成为身居高位的主宰者。

当然，在他通往成功的道路上遍布坎坷和荆棘，他一一领教了世人的蔑视、指责、白眼、嘲讽以及众议院里的嘘声。然而，他前进的脚步什么都阻挡不了。面对所有的挑战，他只是冷静地回答："总有一天你们会认识我的价值，这样的一刻终会到来。"是的，这样的一刻真的到来了，这位世人眼里根本没有机会的人终于出人头地。在整整四分之一世纪的时间里，他主宰了英国政治的沉浮。

没有机会，创造机会也要上

凭借自己的渊博的知识、顽强的意志、良好的修养与过人的才能，这个“没有机会”的男孩一步一步地走上了成功之路。

亨利·克莱有六个兄弟姐妹，他的母亲是一个寡妇。由于家境贫寒，克莱肯定是无法到较好的学校去读书的，他只能在一个普通的乡下小学接受教育，在那里他学到的只是一些最简单枯燥的拼写知识。但是，他并没有因此止步不前；相反，他利用了所有课余的时间，在没有老师指导的情况下进行了自学。

多年以后，他最终成为了自学成才的佼佼者，自力更生获得成功的典范。如今这位获得成功的美国最伟大的演说家和政治家之一，当年是那个在畜棚里练习演说，只有一头奶牛和一匹马作为听众的男孩，现在有成千上万的听众一边听着他的演说，一边给予如雷的掌声和喝彩。

年轻的约翰·沃那梅科每天都要徒步四英里赶往费城，在那里的一家书店里打工，周薪是一美元二十五美分。这是他起点的开始，后来，他又转到一家制衣店工作，每周多加了二十五美分的工资。就这样，他不断地向上攀登，最终成为了美国最伟大的商人之一。1889年，他被哈里森总统任命为邮政总局局长。在这个职位上，他又充分展示了卓越的行政能力和杰出的领导才能。

柯尼里斯·范德比尔特上学时唯一的两本书就是《新约全书》

和《拼字课本》，但他还是学会了拼写、阅读和简单地翻译密码。他希望能够买一只小船，可惜囊中空空如也。他的母亲为了打消他过海上生涯的念头，故意出了一个难题来为难他，说只要他能够在本月 27 日前把农场上十英亩条件恶劣、满是沙石的土地整平，并把它们耙松，种上玉米的话，她就可以给他买船所需要的钱。

结果，他提前完成了任务，在约定的时间到来之前已经做完了这些事情，而且干得非常不错。在他十七岁生日的那天，他终于拥有了梦寐以求的船只。但是，美丽的梦并没有持续多久。在回家的路上，小船撞到了某艘沉船的残骸，在他刚刚驶到稍为水浅一点的地方时，船儿便整个儿沉到了水底。

但他没有就此放弃，而是更加精神抖擞地准备东山再起。三年之后，他积攒了三千美元。他经常是通宵达旦、彻夜不眠地工作，很快就获得了港口所有船夫的大力支持。在 1812 年的战争中，他跟政府订立了协议，负责把军事物资运送到大都市附近的军事基地。他通常在晚上进行这项工作，因为这样的话，他还可以在白天的时间里在纽约和布鲁克林之间驾驶他的渡船。

他把白天所得全部收入和晚上收入的一半都交给了父母，即使这样，当他拥有三万美元的财产时，他也不过才三十五岁。最后，当他在高龄离开人世时，他给自己的十三个孩子留下了美国最庞大的遗产之一。

在庸人的眼中，英国的著名人物埃尔登勋爵可谓名副其实的“没有机会”。在他还是一个小男孩时，他根本没有机会上学，饥寒交迫的现实使得他不得不先解决生活问题。他甚至连一本书都买不起。但他并不认为自己真的就没有机会了，因为他有着顽强抗争的勇气，有着坚韧不拔的意志，他注定要出人头地，高过芸芸众生。每天凌晨四点，他就起床，就着一盏孤灯抄写他借来的大部头的法律书。很多时候他都累得筋疲力尽，大脑似乎要停止运转。即便是在这样的时候，他还要往头上戴一顶湿帽子，以便自己能够继续保持清醒的头脑来学习。他如饥似渴地追求着知识，他在第一年的实习工作中只赚到了九个先令，然而，他灵魂中的理想之火却烧得越来越旺了。

当埃尔登即将离开法院时，司法官拍着他的肩膀说："年轻人，你的面包和黄油从此有着落了。"凭借自己的渊博的知识、顽强的意志、良好的修养与过人的才能，这个"没有机会"的男孩一步一步地走上了成功之路，他的事业扶摇直上，最终成为了英国的大法官和他所处时代最杰出的律师之一。

有色人种女孩埃德莫妮·刘易斯前进的步伐，是种族和性别歧视无法阻挡的，这个没有任何背景的女孩最终为自己闯出了一片天空。她作为著名的雕刻家，赢得了世人的尊敬和属于自己的那份荣耀。

弗雷德·道格拉斯的成功之路更是困难重重、荆棘密布。他的起点甚至比一无所有还要恶劣，因为他甚至不拥有自己的身体——在他出世之前，他就已经被作为抵押品抵偿给奴隶主还债。即便是和最贫困的白人孩子相比，为了和他们获得同样的起点，弗雷德·道格拉斯也必须付出艰辛百倍的努力。一年当中，他看到母亲的机会甚至只有两三次，每一次都是在夜晚，经过十二英里的长途跋涉后妈妈只能和他待上短短一个小时，然后就必须匆匆地赶回家，以便在拂晓时分可以照常下地劳动。因为没有老师可以教他，他没有机会学习，况且根据种植园里的规定，奴隶是不允许阅读和写字的。但是，什么都挡不住一颗求知上进的心。趁着没被主人发现，他暗地里通过一些碎纸片和历书学习了字母表。知识的大门一旦开启，就再也关不上了。他为成功付出的艰辛足以令成千上万的白人孩子羞愧得无地自容。

二十一岁那年，为了摆脱了被奴役的命运，他只身逃往北方。为了谋生，他在纽约和新贝德福德干起了搬运工的工作。在马萨诸塞州的南塔基特，他获得了一次在一个反奴隶制会议上发言的机会，结果语惊四座。由于他的表现非常出色，他被推选为马萨诸塞州反奴隶制协会的成员。在他繁忙地到各地演讲的过程中，他抓住了一切机会进行学习和提高自己。后来他被派到欧洲进行废奴宣传，在那里他赢得了几个英国人的友谊，他们赠给他七百五十美元。然后，他用这笔钱赎回了自己的自由。他在纽约的罗彻斯特创办了一份报纸，此后在华盛顿又从事《新世纪报》的编辑工作。后来，他还当过几年哥伦比亚特区的执法官。

亨利·迪克西的舞台生涯最初是从最卑微、最无足轻重的小角色开始的，然而他后来成为了家喻户晓的著名演员。

游艺节目的著名经理人巴纳姆为了糊口做过马术表演，每天所得报酬仅为十美分。

逆境中，也不要放弃

> 只有那些不畏艰辛朝上攀登的人，才有可能达到科学的巅峰。因为在科学上从来没有什么平坦的大道。

让我们再来看一看开普勒的故事吧。终其一生，他都在不停地与贫困挫折作斗争。由于当局的命令，他的图书馆被耶稣会人士查封，他的著作在公共场所被焚烧，他本人则为公众舆论所谴责。在整整十七年的时间里，孜孜不倦的他终日伏案，埋头工作，进行着紧张的思索和运算。著名的开普勒行星运行定律便是在这辛苦的工作中得出的。这个没有什么机会的男孩最终成为了有史以来最伟大的天文学家之一。

“当我认识到自己是一个黑人时，”亚历山大·杜马这样说，“我就下决心要像白人一样生活，并迫使那些人看重我的格调和内涵，而不是看重我的肤色。”

无独有偶，在世人眼里成功机会微乎其微的人，詹姆士·夏普勒斯就是其中的一个。这位家喻户晓的英国艺术家出生时家徒四壁，但贫苦并没有把他吓倒。为了购买到便宜的艺术品，他常常是不辞辛劳地徒步跋涉十八英里到曼彻斯特，经过一天的劳累后，买到价值一先令的艺术品。在寂静无人的凌晨三点，他就起来抄写没钱购买的书本。因为生铁需要在炼炉里多加热一段时间，他因此获得更多的时间来学习知识——他把书靠在烟囱上，边工作边看。他还主动请求承担铁匠铺里最繁重的工作。

他在时间方面，绝对是一个惜时如金的守财奴。在他看来任何一点时间都珍贵无比，因为他知道光阴易逝，一去不复返。在整整五年的时间里，他都是一个人在寂寞中苦斗，把所有的闲暇时光都用来“锻造”自己的著作。如今，在我们许多人的家里都可以找到他那部著名的作品。

只有那些不畏艰辛朝上攀登的人，才有可能达到科学的巅峰。因为在科学上从来没有什么平坦的大道。伽利略是又一个典型的例子。出于对世俗的金钱地位的追求，他的父母从小逼迫他上医学院。因此，在一般人的眼里，这个热爱自然科学的孩子想要在物理学或天文学方面有所作为是多么的困难啊！然而，无数个月明星稀的晚上，当整个威尼斯都在沉睡之中时，他一个人伫立在圣马克教堂的塔楼上，通过自制的望远镜观察着金星和木星。

后来，他终于有了伟大的发现，但他提出的理论在当时被认为是异端邪说，地球围绕着太阳运转这个理论带给他的却是——他被迫弯曲双膝在公众面前接受指责，然而，这位已是七十高龄、身体虚弱的老人坚持真理，宗教裁判所任何令人发指的折磨都无法使他低下高贵的头。这位决不屈服的垂暮老人只是不停地喃喃自语：“不管怎么样，它的确是绕着太阳转的。”在被投进监狱之后，他那颗顽强跳动的心对科学研究的兴趣还是那么浓厚，利用单人牢房里的一根麦秸，他证实了一根实心的棒子并不比一个中间空的管子要更为坚固。即便是在晚年双目失明之后，他仍然没有放下手中的工作。

威廉·赫歇耳也是一个没有得到幸运之神垂青的人。他不得不到街头演奏双簧管，维持自己朝不保夕的生活，然而，他却用自制的望远镜发现了同时代那些设备最为精良的天文学家都没有发现的科学事实。据说，为了能够得到一块理想的反射镜，他最多一次竟然磨碎了两百多块镜片。我们再试想一下这个画面吧，当名不见经传、出身贫寒的赫歇耳把有关天王星的运行速率、天王星的运行轨道以及土星的运行状况的发现写成报告，并递交给英国皇家协会时，这个默默无闻的年轻人引起了多么大的震撼啊！

从窘迫困顿的家庭里产生的伟大人物，乔治·史蒂芬孙也是其中一个，除了他之外，他家里还有七个孩子。由于贫困，他们全家不得不挤在一间简陋的房里。从很小的时候起，乔治就为邻居家放养母牛，一有机会这个聪明倔强的孩子就制作泥制的机械模型。十七岁那年起，他开上了真正的火车机车，由他的父亲做司炉工。他既不会读书也不会写字，但是，机车就是他最好的老师，而他则是忠实的学生。当别人在节假日里游荡在酒铺饭馆或者是轻松地玩着纸牌时，乔治却在认真地拆卸他的机器，把它们清洗干净，一次又一次地做试验，仔细地研究它们的作用机制。当他对火车机车作了重大的改进，并以贡献巨大的发明者的身份远近闻名时，那些在他埋头苦干时却在优游度日的家伙却说史蒂芬孙只是交了好运。

夏洛蒂·库什曼虽然没有娇美的容颜和动人的身材，却下决心要成为第一流的女演员，她甚至梦想着自己能够饰演罗莎琳德或凯瑟琳女王这样的重要角色。机会总是降临于那些有所准备的人。一天，一位明星级女演员因故不能上场，作为候补演员的库什曼，代替了那个人的位置。在那个夜晚，她以其对饰演角色深刻的理解和炉火纯青的表演艺术，迷倒了在座所有的观众。人们完全忽略了她平凡的容貌，在他们眼里，她就像天使一样美丽动人。尽管在此之前她一直知音寥寥、穷困潦倒、籍籍无名，然而，当她在伦敦剧院第一场演出的大幕拉下时，她已经奠定了自己在演艺界的地位。在此后的岁月里，即使在医生告诉她患有严重的、不可救药的绝症时，她一点都没有因为命运多舛而陷于伤感、抱怨和消沉之中，她也没有因此而退缩半步。她只是镇定地说："我早就习惯了在逆境中生活。"

在一间小木屋里，一个贫穷的有色人种的妇女拉扯着三个男孩艰难地度日，捉襟见肘的经济状况使得做母亲的只能为三个孩子买一条裤子。另一方面，她又是如此的渴望能使孩子接受教育，因此，她就轮流把他们送到学校。孩子们的老师是一位北方的女孩，她注意到这户人家的孩子穿的是同一条裤子，他们轮流每隔三天上一天学。这位贫穷而伟大的母亲竭尽所能让孩子们接受教育，而这三个孩子也都没有辜负她的期望。后来，其中的一个成了医生，另一个成了南方一所大学的教授，还有一个则成了教会的牧师。对于那些动辄以“没有机会”作为借口、整日里无所事事、浪费生命的年轻人来说，还有比这更好的教训吗？

苏格兰小伙子萨姆·库纳德住在格拉斯哥，以伐木为生。尽管他运用充满智慧的大脑和那把折叠刀完成了无数不寻常的小发明，但是他仍要在穷困的泥潭之中苦苦挣扎，因为这些没有给他带来任何名誉或报酬。直到有一天，伯麦公司派人找到了他，他们希望运送外国邮件的运输船装置能由库纳德进行改造。库纳德抓住了令他日后声名鹊起的机会。

萨姆·库纳德为他们精心制作了一艘汽船的模型，而此后在著名的库纳德航线中投入使用的第一艘船只就是完全照他的模型建造的，而且，这一模型也成为了所有同类船只的参照标准。

著名金融家与慈善家斯蒂芬·吉拉德也有着相似的人生经历。在十岁那年他来到了美国，远离了自己的故乡法国，一开始他在船上当侍者以维持生计。他远大的抱负就是不惜一切代价来获得成功，他要为自己开辟一片天地。任何工作，不管它们是多么肮脏卑微，或者是繁重劳累，他都愿意去干。就像古希腊神话中点石成金的迈达斯一样，他干一行赚一行，很快由一个穷小子一跃成为费城富可敌国的大商人之一。

举他的例子，我们并不是要赞美他对金钱非同寻常的热爱，但是，毫无疑问，他在国家需要时表现出来的公益精神、对生活目标的全身心投入以及他不惜以自己的生命为代价冒险去抢救垂死的黄热病人的义举，都是值得我们推崇和仿效的品质。

不要悲观绝望，成功之门就会为你敞开

> 任何人都不必悲观绝望，只要上帝赐予了我们健全的大脑和身体，再加上一个坚定不移的目标，那么不管你是如何穷困潦倒，成功之门和财富之门是永远向他们敞开的。

通过自己的辛勤劳动和执著追求，家境贫寒和出身卑贱的人，终于成为出人头地、功成名就的风云人物，我们已经论述了许多这种极富教育意义的例子。下面的这个例子则更有说服力：一个出生在小木屋里的男孩，既没有书本和老师，也没有上过学，更没有任何幸运的机会，然而，作为美国内战期间的总统，他却解放了四百万奴隶，以其朴素的智慧和崇高的人格赢得了整个人类的衷心钦佩。这个人就是亚伯拉罕·林肯。看一看这个身材瘦削、举止笨拙的高个子青年吧，他自己动手把树木砍倒，修造了既没窗户也没有地板的简陋小木屋。就在这个小木屋里，每一个深夜他都就着壁炉的火光静静地自学算术和语法。他为了能弄懂《布莱克斯通评论》的内容，不辞辛劳地徒步跋涉四十四英里，买到了珍贵的资料，而在回家的路上，他已经迫不及待地看完了一百页。的确，有无数的事例可以证明：上帝没有赋予他任何有利的机会，上帝对于他可谓吝啬，而他的每一个成功都不是侥幸所得。如果要研究促使他成功的因素的话，毫无疑问，那是由于他坚韧

不拔的意志、持之以恒的努力和正直无私的心灵。正是这些因素促使他从生命的低谷里、从逆境中、从心理的低潮中，突然崛起，屹立于人间。

在俄亥俄州丛林中的又一间小木屋里，一个可怜的寡妇抱着她十八个月大的孩子，祈求着上帝能够保佑她把孩子拉扯成人。光阴似箭，转瞬即过，当年抱在手中的婴儿慢慢地长大了，小小年纪的他为了给母亲分忧，也劈起了木材，并在森林中开垦出了一片荒地。除了干活以外，他把每一分钟都用来学习他借来的书本。十六岁时，他高兴地接受了把一群骡子沿着蜿蜒曲折的小路赶到目的地的任务。很快，他在一所学校获得了一份打铃和擦洗地板的差使，以此来支付在那里的学习费用。

第一个学期他只花了十七美元。当下一个学期开始，他回到学校时，口袋里只剩下了六个便士了。第二天，他把这六个便士都扔进了教堂的捐献箱中。然后，他又在一个木匠那里找到了工作，负责为木匠清洗、刨平木板，加燃料和管理灯火，每周的工资是一美元六美分；而且，他只需在周末和晚上的时间来工作。在某个星期六他开始到木匠那里工作，那一天他得到了一美元两美分的报酬，因为他刨了五十一块木板。当学期结束时，他不仅付清了所有的费用，而且还有三个美元的剩余。接下来的那个冬天，他当起了老师，报酬是每月十二美元。他仍然继续在各地刨木板。等到来年春天时，他已经积攒了四十八美元。回到学校后，他按照每周三十一美分的标准给自己预定了膳宿。

很快，在威廉斯学院我们又发现了他的身影。两年之后，他以优异的成绩从那里毕业。在二十六岁那年，他成功地进入了州议会。而到三十三岁时，他已经成为了年轻的国会议员。在二十七年之后，当年那个因为在海勒姆学校获得一份打铃工作而欣喜不已的男孩，成为了美利坚合众国的总统，他就是詹姆士·加菲尔德。对生活在今天的年轻人来说，这样一个例子的激励作用要远远比范德比尔特、阿斯特、古尔德等人所有财富加起来的力量更为强大。

纵观人类历史上的伟人和杰出人物，他们中的相当一部分人的童年生活都是异常艰辛，甚至还备受命运的虐待，但生命的支点总是被善于发现的强者所找到。他们坚韧地承受着生活的艰辛，及时调整了自己的心态，安然走过了那一贫如洗的岁月，并用恒久的努力打破了重重的围困，在脱离了贫穷困苦的同时也脱离了平凡，造就了卓越与伟大。

“在狭小简陋的木屋中似乎诞生了美国所有的伟大人物。”一个英国作家在看了一本美国杰出人物的传记之后，发出如此感慨。

是的，任何人都不必悲观绝望，只要上帝赐予了我们健全的大脑和身体，再加上一个坚定不移的目标，那么不管你是如何穷困潦倒，对那些生活在这片土地上、善于抓住和捕获每一个机会的年轻人来说，成功之门和财富之门是永远向他们敞开的。重要的并不在于你是出生于金碧辉煌的豪华住所中，还是出生在肮脏阴暗的贫民窟，只要你有探索的精神，有向上的愿望和不屈的意志，有不达目的誓不罢休的决心，那么，你奋勇前进的步伐任何东西都无法阻挡。

第三章

珍惜现在，让“没有时间”的口头禅见鬼去吧

时间就像一个乔装打扮的朋友，一天又一天，当它如约前来拜访我们，在它看不见的手上，携带着无价的礼物。但是，就像针尖上一滴水滴在大海里，我们的日子滴在时间的河流里，无声无息，无影无踪。如果我们不利用它，那么它就会悄无声息地溜走。

珍惜时间，是伟人成功的秘诀

从某种程度上来说，时间就是价值，时间就是财富。

一个男子在本杰明·富兰克林书店的门厅徘徊了一个小时，他终于开口问道："那本书要多少钱？""一美元。"店员回答道。"要一美元！"那个徘徊了良久的人惊呼道，"你能便宜一点吗？""没法再便宜了，就得一美元。"这是他得到的回答。

这个颇有购买欲望的人又盯了一会儿那本书，然后问道："富兰克林先生在吗？""是的，"店员回答说，"他正忙于印刷间的工作。"这个男子坚持道："哦，我想见一见他。"书店的老板富兰克林被喊了出来，陌生人再一次问："请问那本书的最低价是多少，富兰克林先生？"富兰克林斩钉截铁地回答道："一美元二十五美分。""一美元二十五美分！刚才你的店员说只要一美元。怎么会这样子呢？""没错，"富兰克林说道，"可是你还耽误了我的时间，这个损失比一美元要大得多。"

这个男子看起来非常诧异，但是，为了尽快结束这场由他自己引起的谈判，他再次问道："好吧，那么告诉我这本书的最低价吧。"富兰克林回答说："一美元五十美分。""一美元五十美分！天哪，刚才你自己不是说了只要一美元二十五美分吗？"富兰克林冷静地回答道："是的，可是到现在，我因此所耽误的工作和丧失的价值要远远大于一美元五十美分。”

这个男子默不作声地把钱放在了柜台上，拿起书本离开了书店。从富兰克林这位深谙时间价值的书店主人身上，他得到了一个有益的教训：从某种程度上来说，时间就是价值，时间就是财富。

浪费时间的人随处可见，他们不知道时间是多么宝贵。

在位于费城的美国造币厂中，在处理金粉车间的地板上，有一个木制的格子。每次清扫地板时，人们就把这个格子拿起来，随之也把里面细小的金粉收集起来。日积月累，每年可以因此节约成千上万美元。事实上这样的一个“格子”每一个成功人士都有，他们把那些零碎的时间，那些常人不注意的零零碎碎的时间，都收集利用起来。两项工作安排之间的间隙，不期而至的假日，等着咖啡煮好的半个小时，等候某位不守时人士的闲暇……都被他们如获至宝般地加以利用，并足以取得令那些不懂得这一秘密的人目瞪口呆的业绩。

埃利胡·布里特说：“所有我已经完成的、准备完成的或者是想要完成的工作，都跟蚁丘的形成一样，是经过或即将经过单调乏味、沉重缓慢、持之以恒的积累过程——材料的日积月累、思想火花的不断撞击和对真理的不断辨析。如果说是受到了某种雄心不停地在激励我的话，那么，我最崇高也是最热切的愿望就是能够为美国的年轻人树立这样一个榜样——就是需要充分利用起来那些被称之为瞬间的点点滴滴而又无比珍贵的时间。”

“现在我明白了，原来我们在玩耍的时候，他总是在学习。”内德·伯克的兄弟在听了他在国会的一次演讲后这样说。在此之前，他一直在疑惑，内德怎么能集中了家庭的所有天赋与才智。他这时才恍然大悟。

时间就像一个乔装打扮的朋友，一天又一天，当它如约前来拜访我们，在它看不见的手上，携带着无价的礼物。但是，就像针尖上一滴水滴在大海里，我们的日子滴在时间的河流里，无声无息，无影无踪。如果我们不利用它，那么它就会悄无声息地溜走。

每一个鸟声琅琅的黎明，伴着东方初升的那一轮旭日，新的礼物又来了。但是，如果我们没能接受那些在昨天和前天来的礼物，那么，我们欣赏和利用今天的能力也将逐渐萎缩、退化，直至那么一天，我们完全丧失了这种能力。不是曾经有过这样睿智的话语吗？“丧失的财富可以通过厉兵秣马、东山再起而赚回；丢掉的健康可以通过饮食的节制和医疗保健来改善；忘掉的知识可以通过卧薪尝胆、勤奋努力而复归；而唯有我们的时间，流失了就永不再回，无可追寻。”

“噢，现在什么事都干不了，还有五到十分钟就要开饭了。”这是我们在家中听到的频率非常高的也是最普通的一句话。但实际上，有多少命运多舛、身处逆境的孩子，充分利用了这一些为我们许多人轻易浪费的时间，从而为自己建立了人生事业的丰碑。那些被我们虚耗的时光，如果能够得到有效利用的话，完全有可能使得你出类拔萃，成为杰出人物。

马莉恩·哈伦德取得了非同凡响的成就，而这主要归功于她能够精打细算地利用好每一分每一秒。作为一个繁忙的母亲，她既需要操劳家务，又需要照顾孩子。然而，繁忙工作中的任何一点闲暇，她都用来构思和创作她的小说和新闻报道。尽管她成就卓著，然而，终其一生各种各样的消极干扰始终围绕着她，这种干扰完全可能使得绝大多数妇女在琐碎的家庭职责之外不可能有任何别的作为。由于她对待时间分秒必争的态度和超常的毅力，在妇女中很少有人能够做到跟她那样，她最终做到了化平凡为辉煌。

无独有偶，有着繁重家务负担的家庭主妇哈丽特·斯托夫人同样如此，她就是在那样的条件下完成了那部家喻户晓的名著——《汤姆叔叔的小屋》。类似的例子还有，比彻在每天等待开饭的短暂时间里读完了历史学家弗劳德长达十二卷的《英国史》。《地狱》的翻译是朗费罗每天利用等待咖啡煮熟的十分钟时间完成的，他的这个习惯一直坚持了若干年，直到这部巨著的翻译工作完成为止。

作为一个石匠，赚钱养家糊口是休·密勒的责任。但在做好本职工作的同时，为了阅读科学书籍，他把一些零零碎碎的时间积累起来，根据自己和石头打交道的亲身经验，最终他写出了一本充满才气和智慧的大部头著作。

苏格兰著名诗人彭斯的许多最优美的诗歌，都是他在一个农场上劳动时完成的。德·格里斯夫人后来成了法兰西王后的密友，但当她在等待给公主上课之前，她就把时间用于创作，日积月累，她竟然写出了好几部充满吸引力的著作。《失乐园》的作者弥尔顿是一位牧师，同时他还是摄政官秘书和联邦秘书。在繁忙的工作之余，他刻意注重利用一些零碎的时间坚持苦读，争分夺秒。伽利略是一个外科医生，他努力挤出时间从事科学研究，以专心致志的态度和常人少有的勤勉，充分利用一分一秒的时间进行探索、思考和研究，从而为后人留下了丰硕的成果。约翰·斯图亚特·密尔曾经在东印度公司当小职员，他的许多传世之作都是在这一时期完成的。

学会控制时间，成功就在眼前

> 只要每天找回在懒散中或在琐碎小事上浪费掉的一个小时，并有效地用于自我提高，假使积时十年，十年之内，一个毫无知识的文盲可以变成一个具有相当文化修养的人，一个智力平庸的人也可以精通一门科学。

试想一下，即便像格莱斯顿这样的天才人物，为了方便可以利用任何一个空隙提高自己，都要随时在口袋里装一本书，我们这些智力一般的凡夫俗子难道还不应该更充分地利用一分一秒，不让时光白白流逝吗？在我们的周围，对光阴的匆匆流逝，有成千上万的青年男女视而不见，麻木不仁，不能在即将过去的时间里好好珍惜自己的青春。他们自信还有充裕的时间在等着他们，无法真正意识到时光如箭的残酷，仿佛一个有钱人多叫几个好菜而并不在意它们是否会被白白倒掉一样。另外一些懂得时光如流水、年少难再来的人则在与时俱进，争分夺秒。

许多伟人十分惜时，这也是他们之所以能青史留名的一个重要原因。他们在一生有限的时间里，充分利用上天赐予他们的每一分钟，一刻不停地积累、工作、进步。在但丁所生活的时代，意大利几乎所有的文学创作者同时又都是恪尽职守、勤奋工作的医生、商人、政治家、士兵或是法官。

德国伟大的自然科学家亚历山大·洪堡每一天都事务缠身，忙忙碌碌，只有在更深人静的晚上或许多人睡梦正酣的凌晨，他才能抽出时间来从事自己热爱的科学实验。

当迈克尔·法拉第还只是一个装订书本的学徒工时，他把所有的闲暇时光都用来做实验了。有一次，他写信给朋友说："噢，要是我能够以一种便宜的价格把那些整日无所事事的绅士空闲的每个小时——不，是每一天——给买过来该多好啊！时间是我最需要的东西。"是啊，只要能够充分利用一些零零碎碎的时间，把它们积累起来，就能产生丰硕的成果。粒米成箩，滴水成河，贵在持之以恒，点滴积累。只要每天抽出一小段时间有效地加以利用，就必能创造出奇迹。

只要每天找回在懒散中或在琐碎小事上浪费掉的一个小时，并有效地用于自我提高，假使积时十年，十年之内，一个毫无知识的文盲可以变成一个具有相当文化修养的人，一个智力平庸的人也可以精通一门科学。日月如梭，光阴似箭，时光一去不复返。我们不能让时间白白地流逝。我们应该努力学习一些有价值的东西，养成一种良好的生活习惯或者掌握一门科学。如果每天花一小时用于自我提高，一个男孩或女孩可以边读边想地看完二十页书——而在一年之后，他可以看完十八卷的厚重书籍，或者是七千页的洋洋巨著。每天的一小时决定了你只是在简单地维持生存，还是过着一种充实的、有意义的、愉悦的生活。每天一小时或许可以——应该说是肯定可以使默默无名者成为家喻户晓的名人，使一个原本微不足道的人变成对他的民族功德无量的人。

在懂得了时间的巨大价值之后，再回过头来看一看，那么多的青年男女让时间随意在闲散无聊中流逝，每天要浪费两个小时、四个小时，甚至平均达到六个小时，这是一种多么惊人的浪费——简直就是犯罪啊！当日子所剩无几、生命快要终结的时候，他们才想到应当更明智地利用时间。但是，根深蒂固的倦怠和懒散的习惯已经难以改变，已是积重难返，无法挽回了。

珍惜和利用好生命中的分分秒秒，抓紧任何一点闲散的时光，是每一个年轻人都应该养成的一种好习惯。你可以将其用于开拓新的领域，让自己接触更为广阔的天地；你也可以把这样一些空闲时间用于改进你的本职工作，使之更上一层楼。无论是哪一种，你都需要将“时不我待”牢记心头——时光像流水一样匆匆过去，与其独立江头空叹“逝者如斯夫”，不如从此刻发奋努力，珍惜分分秒秒。

伯克有过这样发人深省的评论：“据我观察，无所事事优游度日，就是阻碍一个人成功的最大因素。”夺去人最大部分时间的便是个人的懒惰闲散，这也使得他无法成为时间的主人，最终也就一事无成。

让“没有时间”的口头禅见鬼去吧！

对于那些以“没有时间”为借口而肆无忌惮地挥霍时间的人来说，难道他们不应该为虚度光阴而感到无地自容吗？

那些终日抱怨自己过于忙碌的年轻人，他们真的在一天里抽不出一个小时用于自我提高和自我完善吗？正如通过其他人所不屑身体力行的勤俭节约和努力工作可以使一个人最终变成富翁一样，别人随手虚掷的时光被许多男孩充分利用了，那些男孩在零零碎碎的时间中获得了丰富的知识和深厚的素养。

作为佛蒙特州人尽皆知的制鞋匠，查尔斯·弗罗斯特下定决心每天要花一个小时来进行学习。他变成了全美声名卓著的数学家之一，他的不懈努力最终有了惊人的成果，并且在其他领域也取得了令人刮目相看的成就。

病理解剖学奠基者约翰·亨特利用挤的时间完成繁杂的日常工作和从事科学研究。为了挤时间他效仿拿破仑，每天只允许自己睡眠四小时。著名教授欧文先生花了十年时间，整理了亨特有关比较解剖学的材料。他所处理和分类的材料包括两万四千多件标本，这些都是亨特长年累月辛勤积累下来的宝贵财富。对于一个从普通木工起步学习的人，对于一个几乎没有受过什么学校教育的人来说，这是一个多么巨大的成就啊！

“任何在此逗留的人都必须加入我的工作。”这是一位意大利著名学者在自己的门上贴的告示。由此，他明明白白告诉任何来访者要待下来，必然是为了与他的工作有关的事情。对于那些来打扰约翰•亚当斯正常工作和剥夺他工作时间的人他极为不满，颇有怨言。丁尼生、卡莱尔、布朗宁以及狄更斯都曾经对街头的手风琴师提出过抗议，因为那些手风琴师使得他们无法专心致志地工作。

英国哲学家斯宾塞在爱尔兰担任秘书期间，充分利用闲暇时间进行探索、思考、研究，成为了一代大家。在历史上功勋卓著的伟人之中，有许多人都是在他们正常的工作领域之外，充分利用绝大多数人轻易浪费掉的点滴时间，矢志努力，而终成大器的。

英国历史学家与银行家约翰·卢伯克以其卓越的史前研究奠定了在学术界的名声，然而，他所有的研究工作都是在紧张繁忙的银行工作之余进行的。

浪漫主义诗人骚塞最终得以完成一百卷的洋洋巨著，是因为在他一生中几乎没有浪费过一分钟时间。

霍桑的笔记向我们表明他是一个勤于动手、喜欢笔录的人，他总是随时把自己脑中所闪现出来的思想火花记录下来。他那取之不尽、用之不竭的思想宝库便是由这些记录下来的珍贵的材料组成的。

富兰克林尽可能地缩减自己用餐和睡眠的时间，以便可以得到更多的时间用于学习。他是一个真正的不知疲倦的工作者。当他还是一个孩子时，他就对父亲每次在餐桌上长篇大论的感恩祷告颇为不耐烦，并询问是否可以简短地说完所有的祷告词，从而节约时间。他的一些最优秀的著作，诸如《冒烟的烟囱》和《航海的改进》等，都是在海上航行期间完成的。

拉斐尔作为意大利文艺复兴时期杰出的艺术精英，他那短短的一生像璀璨的流星一样滑过天际，尽管这位才华横溢的艺术家只活了三十七年，但他却给人类留下了最瑰丽的不朽成就。对于那些以“没有时间”为借口而肆无忌惮地挥霍时间的人来说，难道他们不应该为虚度光阴而感到无地自容吗？

在时间上一切伟大人物都是极度吝啬的人。培根勋爵在担任英国大臣时，利用业余时间精心耕耘，终成一代圣哲。西塞罗曾经说：“别人用于消遣和娱乐的时光——不，即便是用于休养身心的时光，我都把它们奉献给哲学研究了。”汉弗莱·戴维先生曾经在一家药铺里当学徒，他在阁楼上利用空闲时间做实验，最终成为杰出的化学家。由于在喧嚣繁忙的白天，蒲柏无法集中精力，这位讽刺诗人经常在深更半夜起床写下突发而至的灵感。在跟一个地位尊贵的君主会谈时，歌德突然请求暂时告退，他进了旁边的一个房间并迅速地记下了一闪而过的灵感，以作为正在创作的《浮士德》的素材。乔治·格罗特一方面对自己银行家的职位从不懈怠、恪尽职守，另一方面从不放过点滴时间，写出了传世之作《希腊史》，并以其杰出的学术成就出任伦敦大学副校长。

乔治·史蒂芬孙没有接受过任何正规教育，完全是凭着个人的勤奋自学成才的。当他还是一个机械工程师时，就利用上夜班的机会自学了算术。他把时间看得重若黄金，从不轻易放过，并利用积累起来的点滴时间完成了一些最重要的工作。

音乐巨匠莫扎特也同样惜时如金，一分一秒在他看来都贵如金玉。他经常是废寝忘食地投身于音乐创作，有时甚至是不间断地连续工作两个夜晚一个白天，可谓勤奋之极。当他已日薄西山，气息奄奄，弥留之际，他仍然在病榻上完成了惊世之作《安魂曲》，真可谓生命不息，创作不已。

凯撒曾经说过：“即便是在最残酷激烈的战斗中，我也总能在帐篷里挤出一些时间来思考许多其他的问题。”有一次他所坐的船只失事，不得不游到岸上。在这样生命攸关的危急时刻，他仍然携带了自己所写的《评论》的手稿——这是他在船只下沉的过程中完成的。

达尔文博士在马车上构思了他的大部分著作。在从这一家走向那一家的途中，他随时把自己的想法记在小纸条上，以便日后组织成文。他的身上备有许多这样的小纸条，随时备用。马逊·库德大夫完成了古罗马历史学家李维的《卢克丽霞》一书的翻译，利用的就是在坐马车去看望伦敦的病人的间隙。亨利·怀特是在不断往返于律师办公室的路上学会了希腊语。瓦特在作为数学仪器制造商的时候，学习了化学和数学。伯尼博士在马背上学会了法语和意大利语。英国法官马修·赫尔在巡回审判的过程中完成了《沉思》一书的创作。

把握现在，而不是寄希望于虚无的未来

正如法国作家费奈隆所说的，在某一时点上上帝永远都只能赐予我们一次时间，在他把前面的时光收回之前，他不会给予我们新的时间。

“你若是爱永恒，就应当爱现在。昨日不能唤回，明天还不存在，你能确实把握的只有现在。”这是爱默生曾说过的话。的确，生命的意义仅存于“现在”当中，可是一般的人往往喜欢回忆眷恋过去，也常对未来充满憧憬，却最不注重现在。其实人生的道路，每一步都朝一个全新的情景延伸，人永不能回到过去。

许多穷学生虽然整日疲于生计，然而靠着不懈的努力，即使只能用零星的时间学一点知识，终于燃起了信念与希望，获得了成功与荣耀。重要的在于，他们能有效地利用每一分钟，能够充分认识到无声流逝的时间的价值。正如法国作家费奈隆所说的，在某一时点上上帝永远都只能赐予我们一次时间，在他把前面的时光收回之前，他不会给予我们新的时间。

布鲁厄姆勋爵从来不允许自己有片刻的闲暇，由于他做事极具计划性，富有条理，因而，和大多数人相比，他似乎拥有更多的闲暇时光，尽管有些人整日忙碌，但他们一生中完成的工作不及布鲁厄姆勋爵的十分之一。他在自然科学、政治、法律、文学等各方面都是成就斐然。

在短短一周之内约翰逊博士利用晚上的时间写出了《拉赛拉丝》，以便为他母亲的葬礼筹措费用。

林肯一边利用每一点闲暇时间孜孜不倦地学习法律，一边从事勘测土地的工作。在照管他的小杂货店的同时，他博览群书，积累了广博的知识。在邻居们沉醉于声色犬马的娱乐和喋喋不休的家长里短时，萨默维尔夫人却在发奋学习植物学和天文学，著书立作。她出版《分子和微观科学》时已经是八十高龄了。

耽于安逸使得人们意气消沉、萎靡不振，奋发工作则使得一个人朝气蓬勃，精力充沛。我们浪费时间的最大害处并不在于被浪费的时间本身，更具危害性的还在于被浪费的精力。无所事事和懒惰闲散使得我们的肌肉日趋萎缩，足以麻木我们的神经。那些惯于走在时间后面的人也惯于走在成功的后面。

工作被英国化学家与物理学家道尔顿看成是自己一生的支撑点，工作就是他的人生乐趣。他一共完成了二十多万条气象记录。在为自己制定好第二天的工作计划之前昆西总统决不上床休息。

在织布工厂里，仅仅一根坏的细纱就会使得所有的劳动前功尽弃、付诸东流，使整匹织物变为次品。当发生这种情况的时候，人们就会从当事人的工资里扣除由此引起的损失，并且追究责任。但是，我们生命之网中那些坏的线头所导致的损失谁又能赔偿呢？我们不可能来来回回地掷一把空梭子，我们的命运之网每时每刻都把某种线头编织进去了。它有可能会是那种由浪费的时间或丧失的机会构成的劣质线头，那么，这样的一些线头足以使得劳动者终身蒙羞，因为它毁坏整匹丝织品的质量；另一方面，它们将会使得人生的布匹更加美丽灿烂、光彩夺目，它也完全有可能是由惜时如金、拼搏努力构成的金光闪闪的线头。日月如梭，时光如箭，我们永远无法停下手中的梭子，也永远都无法挽留时间的脚步。那些劣质的线头一经编织，就无法再加更改，成为我们生命中永久的污点。

没有人会为一个专心致志地工作的年轻人的前途担忧。但是，他晚上离开自己的住所之后又是去了哪里呢？他中午是在哪里吃午饭的呢？他的周末和节假日又是在什么地方度过的？他在晚餐之后做些什么？通过这样一些问题的回答，我们可以发现，一个年轻人的闲暇时光是如何度过的，完全能反映出他的个人品质。绝大多数自我放纵、误入歧途的年轻人走向堕落都是在晚饭之后的那段时间里。

而另一方面，那些位及顶峰、功成名就的大人物绝大多数都是勤勉不辍、孜孜不倦的工作者，他们充分利用了晚上的光阴，或是工作，或是学习，进行自我提高。在年轻人的生命旅程中，每一个夜晚都是一种严厉的考验。正如惠蒂埃那充满睿智的话语所言——

在今天，我们编织生命之网，描绘命运的画卷；

在今天，我们的所作所为决定了日后是光明前程还是罪孽重重。

谁能像一颗颗种子不断地从大地母亲那儿汲取营养一样，点点滴滴进行积累，珍惜分分秒秒，谁就能成就大业，铸就辉煌。时间就是金钱。我们也不应当任意挥霍生命中的每一个小时，正如我们不会随便丢弃一美元一样。浪费时间就意味着浪费能源，浪费精力，浪费我们的生命，意味着生命中许多永不再来的机会被我们白白丢掉了。请仔细审视一下你是如何度过时间的，因为我们的未来就蕴于我们的时间之中。

“我们每个人的职责，”爱德华·埃弗雷特语重心长地说，“就是抵制一切世俗的诱惑，克制所有感官的享受，培养每一种优秀的品质，以鹰一般敏锐的眼光仔细观察并抓住任何一个稍纵即逝的机会，弥补和挽回所有荒废的时间，使得自身成为一个受人尊敬、有益于社会、快乐进取的人。”

第四章

找准定位，天赋才会难被淹没

什么能标志人类文明已经发展到了至高境界？那就是当每一个人都选择了适合他的工作的时候。就像一个火车头一样，它只有在铁轨上时才是强大的，但一旦脱离铁轨，它就寸步难行。只有找到了适合自己的位置，人们才有可能获得理想的成功。

只有找准定位，才能成功

只有找到了适合自己的位置，人们才有可能获得理想的成功。

“像你这样无所事事的年轻人，我这辈子还从来没有看到过，詹姆士·瓦特！”瓦特的奶奶经常这样对她的孙子说，“你知道自己在这段时间里都做了些什么吗？你不停地倒换着茶壶盖，先拿下一个，换上一个，然后再把它拿下，并且还不停地轮换着用盘子和汤勺来收集水蒸气，一直忙着看那些凝结在瓷器和银器上的小水珠，我不明白你究竟是想做什么？你应该认认真真地读点书，然后给自己找个正经活。在过去的半个小时里，你连一句话都没有说。你在愚蠢地浪费时间，不感到羞耻吗？”

如何更好地运用时间从而取得更大的进步，这位老妇人希望能提醒詹姆士，但是詹姆士的行为证明她的做法失败了，而这个世界从这种失败中得到了许多好处！

“但是，我还是适合做一些事情的。”一个年轻人恳求着说，他因业绩不佳被一个商人解雇了。

“你根本不适合做一个推销员。”他的老板这样认为。

年轻人争辩道：“我相信我能成为一个有用的人。”

“怎么成为？告诉我你怎样才能成为一个有用的人。”

“我不知道，先生，我不知道。”

“我也不知道。”商人开始嘲笑那个年轻人。

“先生，不要把我赶走。只要不把我赶走就行，让我在其他方面试试。我做不了销售，我知道我做不好销售，但也许可以做其他活儿。”

“这本来就是一个错误的选择。”他的上司说，“我也知道你不能。”

“但是无论如何，我都会使自己有一些用处的，”年轻人坚持着认为，“我知道我能做到。”

终于，他的恳求被同意了，他被留在了会计室。在那里，他很快就得以一展身手，因为他在数字方面拥有很好的天赋。在几年以后，他不仅成为一家大百货商店的出纳负责人，而且还是一个出色的会计师。

你除了能够看到磁针一直指向北极星以外，根本就不能观察到其他任何东西，你也无法理解其中的理由，因为这些东西被一只神奇的手指挥着，并被外在的东西包藏了起来。上帝已经赋予它责任，因此，它将按照自己的使命指向目的地；即使你通过不符合天性和人为的方式的教育使它转动起来，并强迫它指向法律、诗歌、艺术、医学，或者任何你所喜欢的职业方向，你也只是徒劳地浪费宝贵的时间而已，因为这个指针一旦获得了自由，它仍然会转回到自己应指的方向上。

罗伯特·瓦特说：“一种无法抵制的冲动往往把天才人物吸引到一种职业上去，无论他的前途多么渺茫，也无论在他周围存在多少困难，但这种职业仍然是他按照自己的兴趣和爱好所追求的唯一一种职业，因为他本人就是为这种职业而生的。一旦他在那个方面的努力不能维持他的生计时，当他发现自己非常穷困潦倒、贫穷卑微时，他或许就会像伯恩斯一样，经常叹息着回忆过去，并设想着如果自己以前从事不同的职业，他的境遇将会比现在好很多。但尽管如此，他仍然会继续坚持着并执着地追求他所钟爱的事业。”

什么能标志人类文明已经发展到了至高境界？那就是当每一个人都选择了适合他的工作时候。就像一个火车头一样，它只有在铁轨上时才是强大的，但一旦脱离铁轨，它就寸步难行。只有找到了适合自己的位置，人们才有可能获得理想的成功。“就像在江河中行驶的船一样，”爱默生说，“除了一个方向以外，每一个孩子都在躲避其他任何方向上的障碍物。只有在那个他选定的方向上，他扫除了所有的障碍，平静地驶过深不可测的海峡，到达浩瀚的海洋。”

一部反映儿童被奴役历史的书只有狄更斯才能写出：无知的父母把那些孩子的期望和爱好永久性地埋没了；那些小孩因为他们所谓的越轨行为而被视为愚蠢、懒惰，或者是幼稚、反常；那些有棱有角的小孩被强迫钻进圆形的洞里，从而使他们丧失了部分的天性；而当要求学习“艺术”、“法律”、“医学”、“科学”或“商业”的声音不断地传来时，那些小孩却仍然被迫钻研着那些神学书籍；因为他们在自己所讨厌的工作岗位上表现不出任何的积极性，那些孩子正在被扭曲，并且他们身上的每一根神经都昭示着永不停息的反抗意识。

从长远来看，普遍狭隘的自私自利的想法就是希望把孩子培养成自己的复制品。爱默生说：“一个你就已经足够了，为什么你努力地想把那个孩子变成第二个你？”约翰·阿斯特的父亲希望儿子仍然成为自己生意的继承者——一个屠夫，但对于这个未来的大商人来说，商业方面的本能冲动实在太强烈了。

每一个生命出生时，她都打破了固有的模式，加进新的内容。大自然从来不会复制一个人。这个神奇的组合仅仅会被使用一次。因为腓特烈大帝如痴如醉地爱好艺术和音乐，但对军事训练毫无兴趣，他年轻时期曾经被严厉地批评过。他的父亲憎恨那优美的艺术，并把他拘禁了起来。他甚至企图杀掉他的儿子，但是他的死亡却把二十八岁的腓特烈推上了王位。这个因为酷爱艺术和音乐而被认为一无是处的孩子，却成功地使普鲁士成为欧洲最强大的国家。

鹰蹲在鸟巢里眨着眼睛，这样的鹰看上去是多么的愚蠢和笨拙啊！而展开了强壮的翅膀在蔚蓝的天空中飞翔的鹰，它的眼光又是多么的犀利，它画出的曲线又是多么的优美啊！

职业能够重新塑造人

事实上，几乎没有一个大学毕业生日后的成功是直接得益于学校教育的，而往往主要是依赖于他毕业之后的精心准备。

理查德·阿克赖特被无知的父母强迫去做理发师的门徒，但是他的头脑里天然的倾向却在以一种巧妙的方式顽固地隐藏着，它在为人性而祝福。因此，甚至是对他的父母，他也有必要这样说："如果我不选择父亲的职业，难道你们就不能不干涉我自己的意愿吗？"这就像耶稣基督曾经对他的母亲所讲的一样。

按照其家人的意愿，伽利略将被培养成一名医生，但是当他被逼着去研究生理学和解剖学时，欧几里得和阿基米德就被他隐藏了起来，并默默地钻研出许多深奥问题的答案。十八岁时他就对比萨大教堂里的灯的挂杆进行研究，并得出了关于钟摆的规律。他不仅发明了显微镜，还发明了望远镜，在微观和宏观两个层面上开阔了人们的视野。

米开朗基罗的父母甚至还因为米开朗基罗在墙上和家具上画画而惩罚他，他们曾经宣布，他们的儿子不应该去从事"艺术家"那个人所不齿的职业。但是，在米开朗基罗的胸膛中燃烧着的熊熊火焰被神圣的事物点燃了，这团火焰促使他在摩西的大理石雕像上、圣彼得堡的建筑上和修道院的壁画上努力不止。

著名数学家、物理学家帕斯卡尔的父亲想让帕斯卡尔成为语言学教师，但是有种声音一直在帕斯卡尔的头脑里萦绕着，那就是在数学方面要求发展的呼声已经压过了其他任何职业的呼声。这种情形直到他把语法丢到一边，转向欧几里得为止。

因为绘了一些画，并在其中一张上写着“本作品由一个纯粹的懒虫约舒亚所创作”，约舒亚·雷诺兹遭到了父亲的痛斥。然而，正是这个“懒虫”，后来成为英国皇家美术学院的创立者。

作家莫里哀本来是要学习装修业的，画家克劳德·洛兰本来是一个糕点厨师的学徒，创作《黎明女神》的著名画家圭多曾经被送到音乐学校学习。

特纳的家人本来希望他在少女发屋做一名美发师，但是，特纳却成为一名最伟大的现代派风景画大师。

医生韩德尔希望他的儿子将来担任律师的工作，因此，他千方百计地阻挠儿子对于音乐的爱好。但是，他的儿子得到了一把破旧的古竖琴，并在一间茅草屋里秘密地练习。有一次，这位医生让自己的儿子在威斯菲尔德公爵的陪同下去看望他的一个哥哥。在一个小教堂里，这个男孩儿在乐器旁流连忘返，没有任何一个人注意到，小韩德尔在那里自得其乐地进行了一场个人演奏会。有谁能通过那些组合并不恰当的乐器弹奏出如此悦耳动听的声音呢？公爵碰巧听到了他的演奏声，并感到非常奇怪。当男孩被带到公爵面前时，公爵并没有责怪他动了乐器，反而称赞了他的演奏水平，并说服了男孩的父亲让他的儿子符合天性地成长。

席勒曾经被送到斯图特的军事学院里学习外科医学，学校的管理像监狱一样，这令他厌烦万分，而对于作家职业的向往又令他饥渴非常，于是，他冒着可能衣食无着的危险开始在灰色的文字世界里遨游。他幸运地得到了一位善良女士的帮助，并很快创作出了他两部伟大的戏剧，并因此而跻身不朽人物的行列。他私下里创作了第一部剧本《抢劫者》，而在这部作品首次上演时，他自己却不得不假装成一个普通的观众。

丹尼尔·笛福曾经当过小商贩、士兵、商人、秘书、工厂经理、会计、特使以及几本图书的作者。他最后成为了一名伟大的作家，创作了他的不朽之作《鲁滨逊漂流记》。

威尔逊曾经做过五种不同的工作，但无一例外都失败了，直到真正找到符合自己天性的工作后，成为了著名的鸟类学家。

斯图尔特以前为各部部长担任秘书的工作，后来成为了一名教师。由于一个偶然的机会，他最终找到了真正适合自己的职业——做一个商人。事情的起因是这样的：他曾经借给一位朋友一笔钱，而他朋友的生意面临破产的危险，于是，他的朋友坚持要把他的商店送给斯图尔特，以作为对那笔钱的赔偿，斯图尔特无奈只得接受。

苏格兰著名律师厄斯金在海军服役过四年。后来，为了谋求更快的晋升机会，他参加了陆军。在陆军服役两年后的一天，他所在的部队在一个村镇里停留。他出于好奇，走进了当地的一家法院。这个法院的法官是他的一个老朋友，他邀请厄斯金坐在旁边，并告诉他当时一位著名的英国大律师就坐在辩护席上。厄斯金认真地倾听了他们的法庭辩论，并相信自己会比他们更加优秀。随后，他立即开始研究法律，终于成为了英国最出色的辩护律师。

当乔纳森诉说自己几乎不能适应学校生活时，他的父亲这样对他说："乔纳森，星期一早上你就去机械厂上班。"而在多年以后，乔纳森逃离了那家工厂，并开始追求真正适合自己的职业，他后来成了罗德岛上一个颇有影响力的国会参议员。

曾经有很多人说，上帝任命了两位天使，一位负责治理一个帝国，另一位负责扫大街，他们的职责不能被交换。事实上，当一个人在年轻时就找到他梦寐以求的职位时，他是幸福的。当一个人认为上帝已经交给他一项特殊的工作时，他只有一门心思地投身其中，才能得到幸福。但是，如果连这份他梦想中的工作都不能胜任的话，那么也就没有任何其他一份工作，能令他做得让自己或别人满意的了。一个人天然的倾向永远不会让他停止追寻梦想，除非他已经找到了真正属于自己的位置。内在的天然倾向会一直萦绕着他，并驱使他行动，直到他回归到真正适合他的港湾时，直到他那天赐的才能都表示满意时，才会罢休。

竞技场上有一辆大马车在奔跑，这是多么荒谬的现象啊！然而，这种不协调与多数人都认为医学、法律和神学是适合每个人的最好职业这一观点想比，肯定还要逊色得多。这难道不是很荒谬吗？美国的大学毕业生中有百分之四十二的人是学法律的，因为不假思索地模仿他们卓有成就的父亲。有多少年轻人成为平庸的职员？由于同样的原因，在我们的国家，到处是从事不适应自己天性工作的人，他们失望、尖酸、穷困潦倒、讨厌工作、没有信誉、缺乏勇气、衣衫褴褛，甚至风餐露宿。我们的社会有多少可怜的医生和律师啊！

事实上，几乎没有一个大学毕业生日后的成功是直接得益于学校教育的，而往往主要是依赖于他毕业之后的精心准备。在大学里，如何学习就是老师教给他的最好东西。那些不能令他完全满足的书本知识，在他走出学校大门的那一刻，他就停止了运用，而去寻找能够真正满足他的东西了。

保持检讨的习惯，判断你是否适合你的职业

> 如果你不能将你的工作完成得最好，那么请自我检讨一下——看这一工作是否真的是获得成功的途径，或者你所努力从事的工作本身是否真的适合你的天性。

当一个人为一件事情全力以赴时，如果他没有获得成功，就认为他永远不可能在任何事情上获得成功。我们不应该贸然下这样的结论。请看在沙滩上挣扎的那条鱼吧，它似乎已经在沙滩上奄奄一息。但是，当你再看时，一个巨大的海浪涌向了海岸，并卷走了那个不幸的生灵。在那一时刻，它的鱼鳍接触到了水，它成为了真正的自己，并回到了自己的世界，它像一道亮光一样迅速地掠过海浪。在此之前，它的鱼鳍在空气中和泥土上无望地击打，不仅没有起到任何作用，反而构成障碍。然而它现在成了有价值的东西。

如果你不能将你的工作完成得最好，那么请自我检讨一下——看这一工作是否真的是获得成功的途径，或者你所努力从事的工作本身是否真的适合你的天性。作为一名律师，英国的考柏是非常失败的，因为他非常胆小，甚至没有勇气为一个案件进行辩护。

但是，他却给我们留下了一些非常优美的诗歌。伏尔泰和彼特拉克都放弃了法律，前者投向了哲学，后者选择了诗歌。莫里哀也发现自己不适合做一名律师，但是，他在文学上却声名远播。克伦威尔直到四十岁，还是一个普通的农场主。

在不经历挫折和痛苦的情况下，只有极少数人能在任何工作或任何研究领域展现出伟大的天赋与非凡的才能。而大部分男孩和女孩，即使给予他们和内心的期望相应的职位，他们也很难在十五岁甚至二十岁之前确定一生的职业。没有任何理由放弃你经手的工作，也没有任何理由让那些很自然地落到某个人肩头的工作不被很好地完成。每一个人都在自己思维的入口处徘徊不已，都想拥有一种奇迹般的天才来明确自己适合哪种具体的工作，但是，这种天才其实是不存在的。英国作家塞缪尔·斯迈尔斯被要求从事一种完全不适合他的天性的职业，然而，他非常虔诚地去从事这一工作，这些经历对他日后的作家生涯起了很大的作用，而作家正是最适合他的职业。

满怀着忠诚的责任心来对待我们的父母、老板、我们自己以及我们的上帝，忠实地对待身边的工作和日常职责，我们中的大多数人将会被这些责任心适时带到光明的道路上去。

如果加菲尔德以前没有做过合格的士兵、热心的教师、忠诚的政治家，他也不会成为美国总统。无论林肯还是格兰特，都不是从婴儿时就有驾驭人们的天赋或入主白宫的早熟特征。因此，尽管在摇篮里没有收到弥足珍贵的馈赠，但没有人会因此而感到失望。他的任务就是尽力做好每一件手头的工作，并且按照他内在的天赋所指引的方向抓住每一个重大的机会，从而使自己不断进步。让职责成为指路的明星，而成功则是衡量人的工作能力和努力程度的王冠。

选择适合自己的职业，才能逃脱平庸的命运

> 没有哪一个杰出的人在错误地判断自己的天赋时能够逃脱平庸的命运，也没有哪一个认识到自己的天赋的人会成为一个无用之辈。

很多人问：我一生所要从事的职业应该是什么呢？什么是一生的职业？

如果你的天赋和内心要求你从事医学工作，那么你就做一个医生；如果你的内心和天赋要求你从事木工工作，那么你就做一个木匠。坚信自己的选择并进行不懈的努力，就一定能够成功。但是，如果内在的呼声很微弱，或者你没有任何内在的天赋，那么，你就应该在你最具适应性的方面和最好的机会上慎重地作出选择。真正的成功在于出色地履行自己的职责、扮演好自己的角色，不必怀疑，这个世界是任由你去创造的，这一点是每一个人都能够做到的。做一个一流的搬运工也要比做一个二流的其他角色强。

这个世界对那些曾经以差等生或“愚蠢弱智”出名的人来说，已经是非常宽容的了，因为很多这样的人后来居然取得了巨大的

成功，当然，当他们在被误解的环境下挣扎和在遭受打击时也是非常艰难的。对每一个孩子都要给予一个公平的机会，因为那些所谓的一无是处的孩子，那些弱智者、笨蛋、愚人或是劣等生，往往只是越过了一般的通常做法而已，或者是处在一个不恰当的环境中而已。对他们都要给予恰当的鼓励，而不要对他们的愚蠢妄加谴责，即使在这种愚蠢表现得非常明显的时候。

威灵顿的母亲曾经认为他是一个劣等生。在伊顿公学时，他被称为白痴、弱智、笨蛋，因为他什么都不懂，他在那里被列入最没有出息的学生行列，所以人们认为他什么都得从头学。他也没表现出任何要参军的意愿，没有表现出任何的天赋。在他的父母和老师的眼里，他那勤奋和坚毅的性格特征是对他缺陷的唯一补偿。但是，在四十六岁那年，他战胜了“战无不胜”的拿破仑。

在学校里英国文学家哥尔德斯密斯是老师们经常嘲笑的对象。他曾经试图进入外科医学班学习，但是遭到了拒绝。“木头脑瓜”是他毕业时同学们送给他的绰号，这意味着他在学校里是一个劣等生。而后，他不得不学习文学。哥尔德斯密斯完全不能适应一个外科医师的职责要求，但是，除了他，还有谁能写出《韦克菲尔德的牧师》或者《荒村》这样的伟大作品呢？当约翰逊博士发现他非常贫穷，因为债台高筑几乎要被捕入狱时，他向哥尔德斯密斯要来了《韦克菲尔德的牧师》一书的手稿，并把它卖给了出版商，偿还了哥尔德斯密斯的债务。而这部书籍使哥尔德斯密斯声名鹊起。

英国小说家瓦尔特·司各特爵士曾经被他的老师称为笨蛋。

当扬·林尼厄斯的父母发现他不适合做教士时，就把他送到大学去学习医学。扬·林尼厄斯几乎要被他的老师叫做蠢猪。但是，一个默默无闻的、却比其他人更有耐心也更有智慧的老师，引导他进入了适合他的领域。此后，无论灾难、疾病还是贫穷，都不能把他从这个领域里拉出来，因为这是他内心的真正选择。后来，他成为那个时代最伟大的指挥家。

罗伯特·克莱武夫一出生就被人称为“弱智儿”，在学校里也是所谓的“不可救药”之人。但是，在三十二岁那年，在普拉斯战役中他以三千人的微弱兵力打败了敌军五万人的优势兵力，从而建立了英国在印度统治的基础。当拜伦在一次偶然的机会中获得班级第一的成绩时，他的班主任却轻蔑地对他说：“好的，拜伦，过不了多久，我又会看到你排名倒数第一了。”

在邻居的眼里，塞缪尔·德鲁是一个懒惰散漫的孩子。然而，在经历一次险些送命的不幸事件和他哥哥去世的打击之后，他开始变得非常勤奋和谨慎，他甚至不肯浪费任何一点时间。他利用一切机会来提高和充实自己，废寝忘食地读书。他认为，潘恩的《理性时代》使他成为了一个作家，因为为了驳倒那些对这部作品的非议，他付出了巨大的努力，而这使他首次以一个充满智慧而又精力充沛的作家身份为众人所认同。

南北战争期间的著名将军理查德·谢里丹的母亲曾经教授他一些最基础的知识，但这仿佛不起丝毫作用。后来，他的母亲去世了，这使潜伏在谢里丹体内的天赋得以苏醒，其实这种天赋曾经在许多事例中表现出来过。最后，他成为了美国南北战争时期最为光彩照人的人物。

有这样一句话曾经广泛流传：没有哪一个杰出的人在错误地判断自己的天赋时能够逃脱平庸的命运，也没有哪一个认识到自己的天赋的人会成为一个无用之辈。

第五章

发现自己的天赋，才能找到合适自己的位置

你自己的天赋就是你特别的聪明才智，而能够表现你的个性与天赋的职业才是真正适合你的。如果你找到了适合自己的位置，工作本身就会充分而全面地调动你的才能。

做擅长的事，保证优势

千万不要做你不擅长的事情；如果你做了，你会发现自己就像在泥潭里挣扎一样。

阿特密斯·沃德说："每个人都有自己的长处，有的人擅长那一行，有的人擅长这一行。还有一些人他们擅长的就是无所事事，整日游来荡去。"

"有两次我企图做自己最不擅长的事情。我有一段时间坚信自己可以玩马戏。于是，我搭便车到了一个马戏团，我前面有一匹马，后面有两匹马。但是，站在那个位置之后这些马开始踢我，四蹄扬起动个不停，并且不停地叫唤，一点也不听话。结果，我的后背和肚子都重重地挨了好几下，我一下被踢到其他马群里，疼得我忍不住像科西嘉的野人一样大喊大叫起来。我被人拉起来，背回了旅馆。我头上扎着带子用虚弱的声音对自己说：'小子，看来你并不擅长驾驭那些马匹。'"

"还有一次是那个割烂我的帐篷爬进来的可恶家伙，我想狠狠地揍一顿他。我说：'好的，我的先生，请你出去。否则，我让你瞧瞧我的厉害。'他说：'来吧，你这个孬种。'我向他扑过去。但是，他使劲抓着我的头把我从帐篷里摔了出去，摔到外面的草地上。接着他开始揍我，一直到我被他扔到一汪臭泥水中为止。我站起来看着自己被撕破的衣服，明白打架不是我的优势。"

"这个故事要说明的道理是：千万不要做你不擅长的事情；

如果你做了，你会发现自己就像在泥潭里挣扎一样，当然，这只是打了个比方。”

下面这则广告曾经出现在美国西部的报纸上，它堪称最不明智的求职广告的典范——

求职——愿意接受任何专业领域的教师职位。有做非专业教士的经验，愿意小范围内指导女士和先生们了解更深的神学知识。还可以讲授装饰画和写作，以及地理、三角测量及许多其他学科。寻求印刷师的职位，能够承担起印刷出版公司任何部门的工作职责。本人是牙医或足病医生的难得的好助手。乐团男低音或男高音歌手的职位，本人也很乐意接受。

最后，这则消息的下面又加了一行字——

附：愿意接受薪水低于普通水平的锯木工作。

而这一条说明使他马上得到了一份工作，这则广告此后再也没有出现过。

你自己的天赋就是你特别的聪明才智，而能够表现你的个性与天赋的职业才是真正适合你的。如果你找到了适合自己的位置，工作本身就会充分而全面地调动你的才能。

可能的话，那种可以最大限度地利用现有经验，并与自己的个性爱好相吻合的行业，是你应该作出选择的。这样，你不仅会拥有一份得心应手的工作，已有的知识和技能还可以充分发挥，而这才是最有效地利用你自己的资本。

在你信心满满为事业而奋斗的过程中，必然会有不如意与挫折，不可能长期一帆风顺。朋友、家人的反对，其他打击与不幸，你实现心底的愿望都会被这些所阻挠，因此，你有时不得不做一些非常无趣的事情。但是，像长期酝酿的火山一样，一个人内心积蓄的热情终于磅礴喷发，在演说、音乐、艺术或自己最乐于从事的行业中不可遏止地表现出来。在职业选择方面，要扬长避短。

在某个方面“你永远不可能有尽善尽美的才华”，你要警惕这种念头。要知道，不完善的才华永远难以得到上帝的帮助，也就很难获得最终的成功。上帝会憎恶自己那些半途而废的不成功作品，并会耿耿于怀。

如果我们遵从马修·阿诺德的说法，那么，宁可做鞋匠中的拿破仑、清洁工中的亚历山大，也不要做根本不精通法律的平庸律师。

埋头苦干，才能平步青云

埋头苦干、努力工作是成功的第一个前提，而第二个前提是坚持不懈、持之以恒。

就好像完全打乱秩序把所有的人搅和在一起，彼此交换了自己本来应有的位置一样。世界上有一半的人都从事着与自己的天性格格不入的职业。天性适合做农民的人在滥用和亵渎法律，售货员想要教书，而天生的教师却在经营商店，而乔特和韦伯斯特这样的人却在管理着每况愈下的农场。于是，每个人都强烈地意识到自己郁郁不得志而痛苦不堪。在工厂的繁重劳动中应该埋头苦读拉丁语和希腊语的孩子一天天憔悴，而成千上万在大学里做着没完没了的作业和功课的孩子本来应该愉快胜任农民或水手工作。在画布上涂鸦的“艺术家”却被本来只配粉刷篱笆的人充当了。站在柜台后的店员对算术、尺寸一点兴趣都没有，所以在那里三心二意地接待顾客的同时却梦想着其他职业。

一位优秀的鞋匠为自己社区的报纸写了几行诗歌，朋友们就把他称为诗人，于是他竟然操起使用起来并不娴熟的钢笔，放弃了自己熟悉的职业，而真正的政治家却在捣鼓楦头，其他的一些鞋匠在国会里滥竽充数。没有神职天赋的人结结巴巴地布道，而比彻和怀特菲尔德这样的人却做上了生意场上并不如意的商店老板。很多人感到纳闷：某些人为什么不去做真正适合他们的工作？真正的外科医生整天抡着砍刀和劈斧时，屠夫们却在医院里给人截肢。一个从小心灵手巧喜欢使用工具的孩子，竟然一鼓作气上到大学，从此走上了庸庸碌碌的道路，从事着“三种最荣耀的职业”中的一种。然而幸运的是——

命运早已注定我们的结局，
支配着我们如何走向各自的终点。

富兰克林说：“站立的农夫要比跪倒的贵族高大得多。有事可做的人就有了自己的产业，而只有从事天性擅长的职业，才会给他带来利益和荣誉。”

一个人的职业使他身体强壮，肌肉结实，纠正他的失误与偏差，使他的思维敏锐，激发他的创造发明天才；一个人的职业比其他任何事情都能更强烈地影响到他的生活。职业使他得以施展才华，激励他的进取心，使他开始积极地生活，让他觉得自己是个真正的人，因此必须承担真正的人应该承担的职责，处在真正适合自己的位置上，完成真正的人所应完成的工作，并表现出真正的人所应具有的勇气与胆识。如果没有从事这样的职业，他就不会觉得自己是个真正的人。无所事事的人称不上是完整意义的人。他无法通过工作来表现自己坚强的个性。一颗大脑袋不足以成为真正的人，一百五十磅的肌肉和骨骼不足以构成真正的人。肌肉、骨骼和大脑必须组合起来，进行健全完整的思考，知道怎样完成适合自己的工作，开创一条与众不同的道路，压力和职责即使再大也都勇敢地承受起来。只有这样，才能真正造就自己，使自己成为大写的人。

在通常情况下，具备如下两个前提，同时又具有常识的人都不会失败。埋头苦干、努力工作是成功的第一个前提，而第二个前提是坚持不懈、持之以恒。

不要坐等飞黄腾达，不要坐等平步青云。要不断地精益求精，要在已有的职位上做到尽善尽美。以前从来没有填补过的欠缺和空白，应该补上。精力要更加充沛，要具有更果断的勇气，为人要更加礼貌周全，态度要更加细致入微，要比你的同行和前辈做得更多、更好。

要不断研究自己的业务活动，精心设计新的运作模式，并向老板提出卓有成效、切实可行的建议。关键不只是在于能否完成自己的工作，不只是在于是否能从工作中得到满足感，而是要做得比预想的更好，要使老板对你的表现赞叹不已。这样，你自然就会得到回报，更高的职位和更多的薪水也不在话下。

不要太在乎自己的能力和工作任务之间的差距。一旦失业以后，可以接受提供给你的第一份体面工作，如果你在工作中表现出自己做事情的能力和效果，完全能够胜任那个工作，那么，很快就会有更好的工作分配给你。

掌握处世技巧，事半功倍

即使你在家世、才能、财富、学历、天赋等各个方面具备了所有的优越条件，但是，如果没有掌握常识和恰当的处世技巧，你也只会成为一个庸人。

什么是正确的人生目标？这在我们这个日益复杂的社会中，仿佛变得越来越模糊。原始人的生活往往是别无选择的，如果你一直都生活在茹毛饮血的阶段，这个问题就不难解决。但是，当人进化到比较文明的高级阶段，触及人类社会生活的真正本质与内涵时，合理地确立自己一生的目标变得越来越困难。即使在看起来大有前途的领域，滥用自己的精力，胡乱地确定自己的目标，对未来的成功都是致命的。在激烈的社会竞争中，一个人是否能够合理地确定自己的人生目标，往往与能否激发出他的精力与热情来为成功而奋斗是密切相关的。

“发现自己天赋所在的人是幸运的，”卡莱尔说，“他有了自己命定的职业，也就有了一生的归宿。他将不再需要其他的福佑。他已经找到目标，并将执着地为实现这一目标而奋力向前。”

格莱斯顿就是个富有智慧的人，他从不浪费精力去做自己不能胜任的事情。格莱斯顿说过，一个人能够胜任的工作任务是有限的，脑力劳动者与体力劳动者都是如此。

不要问自己可以赚多少钱或可以获得多大的名声，当你在选择职业的时候，应该问问哪些工作可以最充分地发挥自己的潜能，要选择那些能使你雄心勃勃、促进你的发展、将来会有所成就的职业。你要的不是地位、金钱和名望，个性与品格比事业本身更有价值。你要的是一个人真正的力量和内涵的实现。做一个完整的人、实现自我比获得金钱和财富更重要，比名望地位更尊贵。

要改进那些在有意识的努力过程中所暴露出来的弱点，才能使自己整个人的才能和素养得以提高和升华，举止应该稳重端庄、轻柔优雅而果断有力。观察必须明察秋毫、敏锐警觉、细致入微。心灵应该善解人意、真诚可靠、仁慈和顺。记忆力应该常年进行锻炼，使其精细确凿，过目不忘，全面周详。

这个世界并没有要求你一定要成为某个行业的人——医生、农民、律师、外交大使、科学家或者商人；它也没有武断地命令你成为其中的任何一种人，但是它确实要求你精通自己所选择的行业。它不允许一个人在自己的职业方面三心二意、半途而废，或是做一些徒劳无用的工作。如果你在自己的专业领域是独占鳌头的行家里手，世界就会为你鼓掌喝彩，所有的大门都将向你敞开。

卢梭说："如果因为一个人受过良好教育而懂得应该怎样履行自己生而为人的使命，那么，他在选定的相关领域就不会疲于奔命、手忙脚乱。对我来说，我的学生将来是做教士、做军人还是律师都没有关系。我对他们的全部教导就是：要学会生活。当我完成对他们的教导时，他们既没有成为军人，又没有成为律师或神职人员，但他们首先要成为真正的人。命运注定了我们生而为人，就必须完成具有特定意义的个人职业生涯。也许以后的命运会随心所欲地左右他们的生活，使他们在社会中浮沉，但他们总会找到自己真正的位置。"

即使你在家世、才能、财富、学历、天赋等各个方面具备了所有的优越条件，但是，如果没有掌握常识和恰当的处世技巧，你也只会成为一个庸人。在生活的漫漫路途中，常识是指引人们前行的准则。许多人因为能力平平、不切实际，尽管拥有各种各样的学位证书，但还是被远远地抛在了后面。在我们这样的社会，每个人被经常询问的问题不是“你知道什么”，或者“你是谁”，而是“你是做什么的”，以及“你能做什么”。

英国诗人乔治·赫伯特说得很好：“我们是什么比我们做了什么更重要。”如果一个目标在是否合乎个人荣誉、社会正义或伦理性方面看来存在疑问，那么应该放弃这一目标。一位杰出的科学家曾经说过，一个人只要肯承受一些心灵的代价并一直朝着这方面努力，那么，他很快就会凭借理性说服自己，放弃以前一贯坚持的关于体面与尊严的观念。把错误的东西加以粉饰掩盖，使它看起来很像正确的东西，这种艺术从来没有像今天这样深入人心。这是一种很奇怪的现象：一个人面对实际的压力，他那精于计算的理性竟然会战胜天然的是非观念！所以，当一个似是而非却极有吸引力的未来摆在眼前时，一个人往往会面对极大的诱惑——想方设法地使错误的行为看起来好像也是对的。但是，任何不道德的目的当中都存在着某些注定要失败的种子。现实地来看，这种失败既是实际上的结果，又是精神上的代价。

细心发现天赋与特长，把握自己命运

我们绝大多数人都必须自己去发现自己的天赋与特长，而不要在那里等待爱好与天性自动地表现出来。

毫无疑问，只有很少一部分人——也就是被我们称之为天才的人——才会在很小的时候就非常明确自己未来的人生定位。每个人都有能力来适应自己的生活方式。

莫扎特四岁时就能够弹奏钢琴，创作了小步舞曲和至今仍在流传的其他一些曲子。在同龄的小女孩还在玩弄布娃娃时，斯塔尔夫人就对政治学非常痴迷。卡尔门斯非常小的时候，看起来就神情庄严，充满热诚，言谈恳切，在育婴室的时候就开始站在小板凳上布道。格劳秀斯十五岁之前就发表了非常有说服力的哲学作品。蒲柏几乎“牙牙学语时就在写诗”。歌德十二岁时就开始写作悲剧。查特顿十一岁时写出优秀的诗篇，考利十六岁那年出版了自己的诗集。李斯特十二岁就公开演出。托马斯·劳伦斯和富兰克林·威斯特蹒跚学步时就开始学绘画了。卡诺瓦在孩提时代就用泥土雕塑模型。拿破仑在布里涅打雪仗时就已经是“军事首领”了。培根十六岁就指出了亚里士多德哲学的漏洞。

这些人都在年纪很小时就表现出了他们的天赋特长，在后来的生活中，他们积极地朝着这一方向发展。但是，像这些人一样很小就表现出天才的情况并不多见。对于一个人的一生来说，找出自己的天赋特长所在，要比发现金矿重要得多。除了极少数的例子外，我们绝大多数人都必须自己去发现自己的天赋与特长，而不要在那里等待爱好与天性自动地表现出来。

“并不是我要阻止你当教士，”一位主教对一位年轻的教士说，“而是你的天赋在阻止你这样做。”

只有你的天赋与个性完全和手头的工作相协调，你做起来才会得心应手。除非你所有的才能都得到充分地开发，你才会发现自己真正擅长的是什么。除非你爱自己的工作达到废寝忘食的地步，否则，你肯定还没有找到自己真正的兴趣所在。作为一个人，某一段时间你会非常苦恼，因为你也许不得不做一些自己不喜欢的事情，但是，要尽早使自己从这种状态下解脱出来。“鞋匠出身的神甫”凯里在讲道时说：“我的本行是宣讲《圣经》，修鞋只是为了有钱可花而已。”

洛威尔说“做我们的天赋所不擅长的事情往往是徒劳无益的，在人类历史上因为做自己所不擅长的事情而导致理想破灭、一事无成的例子不胜枚举。”

如果做一些平凡的你的天赋适合的事情，那么，一定要做得比别人更好。要满怀热情、全力以赴、卓有成效地去做，用自己独特的工作方法使一件平凡的事情成为一门艺术。要孜孜不倦、兢兢业业地把一项平凡的工作开拓成一项有意义的事业。无论多么平凡普通，都要像研究一项神圣的事业一样对它进行详细的研究，还要尽可能学会这一工作中包含的所有知识和细节。一定要全神贯注，因为非凡的成就只属于那些一旦确定目标就百折不挠的人，属于那些专心致志的人。

你要从最底层做起，才能到达你所希望的事业的顶峰。只要与自己的事业相关，任何事情都不能掉以轻心，要对所有的细节了如指掌。这些是斯图尔特和约翰·阿斯特成功的秘诀。在他们所从事的事业中，他们精通所有的细节。

结婚的唯一理由是爱情，而也只有爱情，才能使婚姻生活的波折和种种风雨烟消云散。同样，只有对职业本身充满热爱，才能使绝大部分人经受职业生涯中的风风雨雨而不退却，直达成功——无论他从事的是商业还是任何其他活动。

一位英国的名人对他的侄儿说："不要学医，你的盲目和无知很可能会把病人治死，我们家还从来没有出过视生命如儿戏的庸医；至于律师行业，把与自己性命或财富相关的重大事情交到一个乳臭未干的毛孩子手中，经验丰富而又谨慎细致的人是不会这么做的。因为年轻人不光没有经验，还往往自以为是，完全意识不到自己手中掌握了客户的生杀大权，所以是很难成功的；与前面两种职业相比，我建议你去做一名神职人员。作为一名教士即便犯错误，比如对教义理解有误或宣讲有误，还是会有很多机会去改正过来的。所以，你去做吧！"

"以前我就一直觉得自己来到这个世界上是带着某种使命的，而现在，我一定要完成这项使命。"惠蒂埃说这番话的时候吐露了自己的心声，他感到某种神秘力量在指引着他。如今，在已经人满为患的行业，比如医学、律师、文学、神学或其他一些行业里，只有那些真正具有杰出天赋的人才会成功。而对职业的热爱、天性的召唤、执着和沉迷都是事业成功过程中不可或缺的关键因素。

如果一个人选择一个行业仅仅是因为他的母亲希望他这样做，或者爷爷曾经在这一领域获得了很高的名望，而自己根本不喜欢也不能适应它，那么，他还不如就当一名每天赚一两个美元的电车司机。在自己选择的平凡职业中，他有可能成为一名出类拔萃的人；而在其他不适合他的"好行业"里，他可能一无是处。

女性需要重新锻造自己，尽善尽美

> 与自由相伴的必然是责任，情况已经发生了巨大的变化，明确的人生定位和人生目标是每个女孩都必须做的重要的事情。

婚姻曾经是女孩的唯一出路，而单身女性不得不面对朋友们的责难。德国剧作家莱辛曾经说："假如女人像男人一样思考，就像男人穿上女人的红大衣一样荒唐可笑。"但没几年光景，那些女人中生活态度积极的就已经大胆地拿起了笔，捧起了书本，但她们会在书本上伴摆一些针线活，一旦有客人到来就马上把手中的书本放下。格雷高利博士对他的女儿说："如果你碰巧有点见识的话，千万不要让男人们知道，一定要秘而不宣，他们对那些具有独到见地、智慧高超的女人怀着天然的敌意和嫉妒。"当时，那些创作书籍的妇女一旦被人知道了，就千方百计地加以否认，仿佛创作是非常不光彩的事情。

但所有这一切都发生了很大的改变。美国女教育家弗兰西斯·威拉德说过，以前只有男孩子才有权利选择自己的职业，而现在，他的姐妹们都可以做到这一点。我们解放了她们，为我们的女儿们敞开了婚姻以外的广阔天地。本世纪最伟大的发现是对女性智慧的发现。本世纪最伟大光荣的进步就是女性获得了更大的自由。但是，与自由相伴的必然是责任，情况已经发生了巨大的变化，明确的人生定位和人生目标是每个女孩都必须做的重要的事情。

霍尔博士说，这个世界需要这样的姑娘——“她们是弟弟妹妹除母亲之外最亲密的人；她们是母亲最好的帮手，能够把乱作一团的家务事整理得井井有条；哥哥为她们感到自豪，因为她们不是那种只是能歌善舞、只会在交际场合大出风头的女孩；父亲看到她们就会觉得欣慰，不仅仅是因为她们容貌俊美。还有，我们也需要这样的姑娘，她们不愿意穿着拖地的长裙把身上弄得满是灰尘，她们不愿意戴着招眼的尖顶帽子到剧院看戏，或者穿着几寸高的高跟鞋摇摇摆摆地走路，尽管双脚不适却强作笑颜；她们有品位有见地——她们不仅有自己的独立见解和标准，并且自重自尊，信守承诺；她们更不愿意像有些女孩那样穿着极其昂贵的服装，去追赶那愚蠢可笑的‘最新时尚’。”

“我们希望有这样善良仁慈的姑娘——我们有很多聪明的女孩、才华横溢的女孩、机智幽默的女孩。她们心地宽厚，富有同情心，听到别人的不幸会流出同情的眼泪，心里想起愉快的念头就会在脸上流露出灿烂的笑容，使自己益发光彩照人。现在，我们更需要一些开朗快乐的女孩、心地善良的女孩、热情纯真的女孩。只要这个世界上还存在着这样的女孩，不管是多么罕见，生活都没有亏待我们。她的清新爽朗就像闷夏午后的一场急雨一样，让我们神清气爽，充满对生活的热爱和感激之情。”

“我们希望有这样的优秀女孩——她们天真坦率、纯洁善良，她们谨慎自制、善解人意，她们坦荡无私、美丽可人；那些姑娘会千方百计地节省开支而不是胡乱花费，她们愿意并热切地希望给家人带来欢乐和舒适，而不是在家里养尊处优成为毫无用处的负担；她们时刻想着安慰和照顾那为了养家糊口而辛苦操劳的父亲，时刻想着那为了给她们买件漂亮衣服而省吃俭用的母亲，那些姑娘理解自己的母亲为了有所节余而一分一厘地算计吃穿用度。”

他们谈论着女人的活动圈，
似乎这是个有限的范围；
但其实，无论天上人间，
没有哪个地方没有女人。
如果没有女人，
人类无法完成任何使命，
不会有任何幸福或哀愁，
也不会有或对或错的窃窃私语，
更不会有生命、死亡和人类的繁衍。

年轻人起步的六大法则

单枪匹马、既无阅历又无背景的年轻人起步的最好办法是：首先要谋求一个职位；第二要保持沉默；第三要细致观察；第四要忠诚；第五要让雇主觉得他必不可缺；第六要有礼貌修养。

爱默生说："不要期望太多或好高骛远，完成那些指派给你的工作。"金融界的杰出人物罗塞尔·塞奇说："单枪匹马、既无阅历又无背景的年轻人起步的最好办法是：首先要谋求一个职位；第二要保持沉默；第三要细致观察；第四要忠诚；第五要让雇主觉得他必不可缺；第六要有礼貌修养。"约翰·沃那梅科在成功方面给年轻人提出的忠告是："注重细节，人品正直，细致入微，为人谨慎。"他的座右铭是："做下一件事。"

一定要充分发挥自己天赋的才能，不管你在生活中从事什么行业。绝大部分人仅仅把命定的职业或天召的职责看作谋生的手段。人本来可以成为顶天立地的男子汉。生活本来可以更加壮丽辉煌。带着上天赋予我们的种种才能，我们本来可以使人生完满，使生活充实，硕果累累，但相比而言，仅仅为了谋生而生活工作的看法是多么卑微和庸俗啊！面对赋予人们的伟大使命时又有多少人退缩不前，不敢打开生活的广阔画卷，没有能够使自己成长为一个真正有益于社会的人。怎样才算是一个真正完整的人？那就是应该像太阳一样，把万丈光芒洒向大地人间，让鲜花开放，让满园芬芳！

让·安格鲁说得好——

我知道，
我不能主宰宇宙或尘世的浮沉；
我只能不断地发现，
并以一颗快乐的心灵，
来完成天召的使命。
“我怎样才能流芳百世？”
只有通过你的工作！
“但是现在默默无闻地安息了的人，
很多都完成了自己的工作”——
哦，千万不要这样说！
既然他们默默无闻，
你怎么仍然知道他们呢？
天使在天堂里走来走去，
对他们的赞美像鲜花一样遍地开放，
使他们各得其所。

第六章

不在奋斗中成功，就在奋斗中死亡

我们年轻时代积累和学习了多少知识倒没有太大关系，但如果我们对自己将来的生活没有明确定位，那么知识本身就不能与客观环境进行很好的结合，知识本身就不能成为我们事业发展过程中有利的资本和基础。

工作不在于多，而在于有意义

不要博而泛，要精而专，这是当今时代的要求。在这个社会分工越来越细，专业领域越来越精的时代，如果一个人把自己的精力分散开来，那他是不可能收获成功的果实的。

“在法兰克福，当时我们的空间还很小，”欧洲十九世纪著名金融家南森·罗特希尔德讲到他自己和四个兄弟时说，“那时我在经营英国货。有一次我不小心惹恼了一位做大买卖的商人，那位商人完全占领了那里的市场。他的确是一个很了不起的人。如果他给我们供货，那将对我们非常有利。但是，因为我让他恼怒了，他拒绝让我看他的货样。我记得那天是星期二。我对父亲说：‘我要去趟英国采购货物。’于是，我星期四就动身出发了。我发现，一路上，离英国越近的地方货物的价格就越便宜。一到曼彻斯特我就把所有的钱都用来定了货，价格非常便宜，结果我从中大大地赚了一笔。”

听他讲述这件事的人说：“我希望，你的孩子们不是只对做生意和赚钱感兴趣，而完全忽略了生活中其他重要的东西。我想，你也一定不希望出现这种情况。”

“我倒希望这样呢，”罗特希尔德说，“得到幸福的唯一途径就是：我希望他们不仅能吃苦，还有足够的头脑，全心全意地放在生意上。”

“年轻人，要坚持做一件事情，”他又对一位年轻的酿酒师说，“坚持酿你的酒，你就会成为伦敦最伟大的酿酒师。但是，如果你既要酿酒，又要做贸易，又要当银行家，还要当制造商，那么你最终将一事无成、两手空空。”

不要博而泛，要精而专，这是当今时代的要求。在这个社会分工越来越细，专业领域越来越精的时代，如果一个人把自己的精力分散开来，那他是不可能收获成功的果实的。

“我搬运过货物，制作过地毯，抄写过资料，还写过诗。”这是伦敦一个在这些领域都表现平平的人写下的话，他让人想起了巴黎的一位科纳德先生，他“了解一点植物学，写作小有名气，懂一点会计业务，还会炸薯条”。

成功与失败的最大区别不在于一个人做了多少工作，而在于他做的工作有多少意义。在失败者当中，相当多的人所付出的努力本来足以取得显赫的成就；但是，他们虽然含辛茹苦，但就像边建设边破坏一样，最后仍然毫无结果。他们没有能够把小的失败转化为大的成功契机。他们也没有适应环境，把自己的工作成果转化成潜在的机会。他们的能力不可谓不够，时间不可谓不多——这些是成功的经纬线条，但是，他们用力推来推去的却是个空无一物的纺织机，真正的生活之网上一根线都没有挂上。

如果你询问其中一个人，他的生活目标和理想是什么，他会回答你：“我自己到底最适合做什么我还不大清楚，但是，我决心一生勤勤恳恳地努力工作，因为我确信勤奋是成功的关键。我想我总会得到些什么的。”

我在这里要强调一下，他错了。难道为了发现金矿或银矿，聪明人会把整个地球翻个遍吗？要知道，到头来一无所获的就是那些总是没有方向地四下张望的人。如果我们没有明确而具体的奋斗目标，那么到手的也不会是明确而具体的东西。我们要想有所收获，只有方向明确并且为之全力以赴。蜜蜂不是唯一一种落在鲜花上的昆虫，但它是唯一采到蜜的昆虫。我们年轻时代积累和学习了多少知识倒没有太大关系，但如果我们对自己将来的生活没有明确定位，那么知识本身就不能与客观环境进行很好的结合，知识本身就不能成为我们事业发展过程中有利的资本和基础。

集中精力，就会立于不败之地

如果一个人为了追求一种值得追求的事业，集中所有的精力和心志坚持不懈地去做，那么，他的生命就绝不可能失败。

伊莉莎白·沃德说："一个具有明确目标的人，对生活有了多大的把握啊！从此，一个人有了生活的意义，他的衣着、声音、表情和行动一下子让人刮目相看。我想，在大街上我一眼就能认出那些自食其力、忙碌充实的妇女。她们焕发出一种强烈的自尊自信意识，这不是精美的丝质女帽可以证明的，是破旧的驼毛大衣所不能掩盖的，甚至病弱的身体也不能夺走因此带来的熠熠光彩。"

而一个不知道自己将驶往什么方向的水手，从来不会一帆风顺，更不会到达目的地。

"即使是最弱小的生命，"卡莱尔说，"一旦把全部精力集中到一个目标上，也会有所成就；最强大的生命，如果精力被分散开来，最后也将一事无成。不断地滴下来的水珠，可以把最坚固的岩石穿透；一路滔滔流淌过去的湍急的河流，身后却没有留下任何的痕迹。"

"我小的时候总觉得可以杀死人的是雷，"一位睿智的牧师说，"但是，长大以后才知道是闪电。所以，我下决心要使自己以后像闪电一样，而不要成为虚张声势的雷声。"

蝶螈被切成两截，前面一部分向前爬，后面一部分向后爬。很多目标游移不定的人就像蝶螈一样。成功从来不会属于这种摇摆不定、见异思迁的人。

精通一件事情的人在这件事情上可以比其他任何人都做得出色，即使这件事只不过是种萝卜。如果他花了所有的心血来精心培植出最好的萝卜，那么，他就是“萝卜学”的宗师，并将得到人们的认可。

如果一个人为了追求一种值得追求的事业，集中所有的精力和心志坚持不懈地去做，那么，他的生命就绝不可能失败。扔出去的子弹，它穿不透一个帐篷；但如果把它射出去，它可以穿透橡木板。加上足够的力，子弹可以从四个人身上穿过。阳光如果被聚焦到一点，即使在冬天也可以轻而易举地燃起一团火焰。

最伟大的人是那些锲而不舍、全力以赴的人，他们一锤又一锤地敲打着同一个地方，直到实现自己的愿望。我们这个时代的成功者是那些在自己的领域无所不知，对自己的目标坚定不移，做事精益求精，专心致志的人。“泛而杂”，在美国职业生活中是一个致命的弱点。许多人就像道格拉斯·杰罗尔德的一个朋友一样，可以用二十四种语言进行简单的对话，却不会用其中任何一种语言表达自己的观点。

专心致志，提高工作效率

你究竟有什么分身之术，可以做完这么多工作呢？你怎么会有那么多时间来完成这么多的著述呢？或许我的回答会令你大吃一惊，答案就是——因为我从来不同时做好几件事情。

“只有一种读书的方式是可取的，”西德尼·史密斯说，“那就是读到觉得吃饭的时间都提前了两个小时，完全到废寝忘食的地步。比如，拿一本李维的历史书坐下来，就好像亲眼看到随军小贩拣起罗马骑士们的戒指，把它们放在自己的铁盒子里，亲耳听到嘎嘎叫唤的鸭子拯救了首都。你读书时，仿佛自己真的身临其境。这时候如果有人敲门，你要经过几秒钟的时间才能醒悟过来——自己原来是坐在书房里，而不是在伦巴底的平原上饶有兴致地观察汉尼拔饱经风霜的面容，或是看他的独眼放射出熠熠的光芒。”

“任何一种有效并经得起考验的学习方法，都取决于学习时心志的专一。”查尔斯·狄更斯说，“我准确无疑地告诉你，我自己构造的小说或进行的想象，都得益于我所养成的工作习惯——那就是进行全神贯注地思考，哪怕是对非常普通甚至最不起眼的事情也是如此，而且一天都不间断，写成稿子后再不厌其烦地改了又改，反复斟酌推敲。”又有一次，人们问狄更斯他是怎样取得成功的，他说："对于那些应该全力以赴的事情，我从来没有掉以轻心。"

约瑟夫·格鲁尼给他儿子的信中写道："无论做什么，不管是工作、学习，还是游戏，对每件事情都要全身心地投入。"年轻人一定要记住：做事情不要三心二意，更不要见异思迁。

"我朝着自己确定的目标前进时，就仿佛这个世界上不存在其他任何好东西一样，义无反顾，执着向前。"英国作家查尔斯·金斯利说，"实际上，这也是所有勤奋工作者的秘密。当然，他们中的绝大多数都没有把这种精神带到娱乐活动中去。"

生活中有许多人同时涉足了太多的领域，由此难免会分散精力，这就阻碍了他们的进步，使他们最终无法实现少年时代的梦想，原因就是过度分心。他们没有采取一种更明智的做法，集中心志于某一个领域，咬定青山不放松，最终成为该领域所向无敌的行家里手；相反，他们选择了成为三脚猫似的人物，他们四处出击，在很多领域发展，什么东西都有所涉猎，却又都是浮光掠影，浅尝辄止，最终只懂得一点皮毛。

英国政治活动家、小说家爱德华·利顿说："有许多人看到我整日如此忙碌，事无巨细无不顾及，竟然还能有时间来从事学问研究，他们都免不了奇怪地问我：'你究竟有什么分身之术，可以做完这么多工作呢？你怎么会有那么多时间来完成这么多的著述呢？'或许我的回答会令你大吃一惊，答案就是——'因为我从来不同时做好几件事情。所以我能做到这一点。'一个人如果能从容自若地安排好工作，那他肯定不会让自己过于劳累。换句话说，如果他在今天疲于奔命的话，那么随之而来的必定是疲劳和困乏，这样的话，他明天就不得不减慢工作节奏，其结果就是得不偿失。我认为，我真正专心致志的学习是从离开大学校园跨入社会之后开始的。到现在为止，我觉得在各种知识的积累和生活阅历方面，跟同时代的绝大多数人相比，自己毫不逊色。在政界和各种各样的社会事务中，我收获颇丰；也游历了大量地方，所见甚广；除此之外，我在各地出版了大约六十卷著作，其中涉及的许多课题是需要深入研究的。你认为通常一天中我会有多少时间用来研究、阅读和写作呢？我可以告诉你，不到三个小时；在国会开会期间，可能连三个小时都没有。然而，在这三个小时之内，我却是全神贯注地投入我的工作的，心无旁骛，用心极专。”

成就与付出是成正比的

伟人之所以能够成为伟人，成功者之所以能够超越芸芸众生，就在于他们能够坚定不移地认准某个目标，并为了自己的目标全力以赴，矢志不移，他们的成就与其精力的集中程度往往是成正比的。

柯尔律治是一个才华横溢的年轻人，但是他缺乏勤勉，意志薄弱，厌恶长期的连续性工作。他只是一味地沉溺于精神的幻想，这种幻想消耗了他的精力，就如同一只脚踏在半空中般不切实际地生活着。于是，他的生命过早地耗尽了。在他活着时，他整日埋头于自己臆想的荒谬绝伦的人生幻象之中；而当他面对死神时，他仍然沉湎于幻想之中难以自拔。他空有万般才华却一事无成，在生活的许多方面，他到最后面对的都是悲惨的失败。他的一生都在不停地下决心、定计划，但直到他撒手西去的那一天，有的只是纸面上的计划，却没有行动的决心，仅此而已。

尽管他时时有新主意、新目标，但他从未持续地完成过一件事。他的生活是漂泊不定的，就像秋风中的落叶一样，随风飘零，任意东西。

“柯尔律治死了，”英国散文家查尔斯·兰姆写信给一位朋友说，“据说他身后留下了四万多篇有关形而上学和神学的论文——但是其中没有一篇是写完了的。”

伟人之所以能够成为伟人，成功者之所以能够超越芸芸众生，就在于他们能够坚定不移地认准某个目标，并为了自己的目标全力以赴，矢志不移，他们的成就与其精力的集中程度往往是成正比的。一个人如果全身心地追求某一目标，很少有不成功的。

英国油画家贺加斯会把他的视线和全部的注意力一直集中在某一张脸上，直到这张脸如照片般留存在他的脑海中，他可以随时随地将其复制出来为止。他在研究和观察任何物体时都做到了一丝不苟、谨慎细致，仿佛他永远都没有机会再看到它们一样。他的研究工作因为这种仔细观察的习惯，充满了令人叹为观止的细节描述。在他所生活的时代，几乎所有重要的艺术流派都受到了他的著作的影响。他既不是那种天资卓越、才华四射的天才人物，也没有受过高深的教育，他的成功在很大程度上归功于他那埋头苦干、勤勤恳恳的精神和细致入微的观察能力。

不在奋斗中成功，就在奋斗中死亡

所有成功人士的共同特性就是具备一个坚定不移的目标，目标一旦确立，就要破釜沉舟，不在奋斗中成功，就在奋斗中死亡。

街上挤满了人，随着一列浩浩荡荡的队伍经过百老汇，乐队卖力地演奏着欢快的乐曲，而一个人正坐在阿斯特大厦的台阶上，以他的帽子为桌子，为《纽约论坛报》赶写一篇社论。后来，这篇文章产生了深远的影响，并被到处引用。这个人就是贺拉斯·格里利先生。

有一次，一位先生觉得自己遭到了冒犯，因为他受到了一篇文章的辛辣嘲讽，于是就到《纽约论坛报》来兴师问罪，并要求和编辑见面。工作人员把他带进了一间长七尺宽九尺的狭小书房里，格里利正在那里挥笔如飞，他的脑袋几乎埋到了写字的纸上。那位愤怒的男子开口询问他是否就是格里利先生。编辑迅速地回答：“是的，先生，请问您有何贵干？”他压根就没有从纸上抬起头来瞄一眼来客。

怒火中烧的来客立刻破口大骂，污言秽语如决堤的河水般汹涌而至，丝毫不顾及自己的形象是否因此受损，是否有失教养。但格里利先生仿佛没有受到任何干扰一样，丝毫不为所动，他继续镇定自若地伏案工作。一页又一页，他的笔尖在纸上刷刷地划过，自始至终没有给予来客一点注意，更是充耳不闻来人所有的恶言辱骂，他完全安之若素。最后，大约在二十分钟不堪入耳的谩骂之后，那位愤怒的来客自己也感到厌烦了，突然迅速地转身，准备夺门而出。

就在这一刻，格里利先生第一次抬起了眼睛，他从椅子上欠身站了起来，像老熟人一般拍着那位绅士的肩膀，以一种令人愉快的音调说道："别走，朋友。请坐，请坐，放松你的精神。这会对你有好处的——你会感到好受一点的。除此之外，这也有助于我思考应该再写些什么。不要走。"

所有成功人士的共同特性就是具备一个坚定不移的目标，目标一旦确立，就要破釜沉舟，不在奋斗中成功，就在奋斗中死亡。使他们无往不利、所向无敌的就是这种珍贵品质。

正如亚当斯所说，布鲁厄姆勋爵和坎宁一样，都是满腹才华、天资聪颖的优秀人物；不同的是，尽管布鲁厄姆勋爵成为了举足轻重的英国大法官，获得了一个律师在其行业中所能取得的最高荣誉，并因为他在科学领域的诸多发现而享誉科学界，然而，从更高意义上看，他"总是在追求新事物，并且每次都不长久"，他的一生总的来说是失败的。实际上，在他有生之年，他的名声就已是每况愈下了。尽管他才华卓著，但他并没有在文学上或历史上留下任何真正不朽的业绩。

马蒂诺小姐回忆说："当银板照相法最初刚刚风靡时，布鲁厄姆勋爵正住在戛纳的乡间别墅里。一位艺术家准备给别墅和阳台上的一群客人留一张影。他要求勋爵一动不动地保持五秒钟，勋爵发誓说他肯定会纹丝不动，但是，事实上他还是动了。结果，照片上布鲁厄姆勋爵所在的位置只是一团模糊的阴影。"

"这样一个小小的事件，"马蒂诺小姐继续说道，"实际上非常典型地反映了他的个性。在人类历史长河这一特定的画卷中，在我们所生活的这个时代，这个才华横溢的人本来应该成为叱咤风云的中心人物。然而，由于他缺乏恒心，断送了他本该辉煌灿烂的事业。在历史画卷中本来应该留下布鲁厄姆勋爵的一席之地，现在永远都只能是一片模糊。其实，像他这样的悲剧数不胜数，有多少人的生活仅仅因为缺乏一点恒心和决心，结果只留下模糊一片！”

福威尔·柏克斯顿认为自己之所以能够获得成功，要归功于勤奋和对某个目标持之以恒的毅力。在追求某个目标时，他从来都是全力以赴。正是对自身奋斗目标的清楚认识和执著追求，造就了他最后的成功。正如人们所说的，锲而不舍，持之以恒，则无事不可为；浅尝辄止，用心浮躁，则难成一事。

不知你是否留意到，如果没有针尖或刀刃，那么针或刀都无法发挥作用。剃刀或斧头的刀刃虽然薄如纸片，针尖虽然几乎细不可见，然而，正是它们在披荆斩棘，起着决定性的开路先锋的作用。在生活中，能够克服艰难险阻，最后顺利到达成就巅峰的人，也必是那些能够在某一领域研有所精、学有所专因而有着刀刃般锐利锋芒的人。

一方面，我们应当避免那种把自己局限在某一死角的狭隘观点，因为那会阻碍我们心智的全面发展；但另一方面，我们也必须避免自己成为普瑞德笔下那个“无所不能的悲剧人物”——

他的谈话就像是一条奔腾湍急的河流，
不停地打弯，在岩石之间碰撞。
一会儿是严肃的政治，一会儿又是诙谐的调侃；
刚才还在说穆罕默德，现在却又讲起了摩西。
一开始是深奥的天体运行规律，
告诉我们行星为何发光发热；
忽然话题又转到了琐碎的生活俗事，
诸如如何给赛马钉马掌如何给黄鳝剥皮。

如果你教育你的孩子在学习走路时要视线集中，专心致志，那么，他通常会顺利地到达目的地而没有跌倒的危险。相反，如果他精力分散，那么很有可能会跌倒在地，弄得灰头土脸。

你是哪所大学毕业的，或者你的父辈姓什名谁、乃何方人士，对于今天的年轻人来说，在求职时他们并不会被问到这些问题，而经常是被问及这样一个问题：“你能干什么？”这个社会所需要的是专业方面的训练。绝大多数在著名公司里担任高层领导职务的人，都是从最底层通过不懈的努力一步一步得到提升的。

“据我所知，他在承受苦难方面非比寻常。”英国传记作家塞西尔在解释政界风云人物瓦尔特·罗利先生的成功原因时如此评价。

作为一条规律，我们的心灵所渴望的东西往往可以经由大脑的思考和双手的行动而获得。同样，就像大海的潮起潮落一样，知识、财富和成功的起伏变化也是有其内在规律的。在所有的成功例子中，我们都可以找到这样一种普遍的轨迹：全神贯注地集中精力，把所有的才能都锁定在某个坚定不移的目标上，凭借百折不挠的毅力和无与伦比的力量，勇敢地忍受各种艰难困苦，义无反顾地沿着充满幸福与荣耀同时也无比艰辛的道路前进。

化学家告诉我们，在蒸汽机的活塞杆上，如果聚集了一英亩草地所具有的全部能量，那么它所产生的动力足以推动世界上所有的蒸汽机和磨粉机。但是，因为这种能量是分散存在的，所以从科学的角度来说，它基本上毫无价值可言。

永远不要抱着投机的态度学习

这种学习态度只能导致一无所获。首先要给自己确定一个奋斗目标，制订一个计划，然后脚踏实地，为之努力。

马休斯博士说过，那些同时有着很多目标、精力分散的人，很快就会耗尽精力，随之而来的就是雄心壮志的消磨。

“永远不要抱着投机的态度来学习，”沃特斯诚挚地告诫我们，“这种学习态度只能导致一无所获。首先要给自己确定一个奋斗目标，制订一个计划，然后脚踏实地，为之努力；把你所有的精力和才干都用在上面，这样你离成功就不远了。我所说的投机的学习态度，是指那种由于认为所学的东西在未来某个时候可能会带来好处，但他却毫无目的地进行学习的态度。”

所有伟大艺术的共同特征就是明确的目标。真正的艺术家是那种细致入微地给予不同的对象不同表现程度的人，而在整个创作过程中，他们始终有一个中心形象和中心主题，并使所有居于次要地位的人物、光线和阴影为其服务。如果说某位画家想要在一张画布上同时表现多种创作理念，并且给予所有的对象同等的重要性，那么他必定称不上艺术的巨匠。

其实，我们的生活也是如此。在一种和谐的生活中，不管上帝赋予了你多么全能的天资，也不管你的学识修养多么的广博精深，但肯定会存在一种核心的才能、核心的精神，使得你的其他才干相对只是一种陪衬，并使得它们各归其位，有恰如其分的表现之地。

含含糊糊地给自己确定一个大概的目标，如果你只是这样做，并且指望在行动的过程中再加以调整或更改，那么，即便你的目标再远大宏伟，也只能是如海市蜃楼般虚无缥缈。年轻人经常被要求志存高远，但是我们的目标也必须是符合内心的渴望并切合实际的。

要知道，磁针也并不一一指向星空中所有闪烁的天体，然后才决定它最终指向什么地方。事实上，所有的天体都在吸引着它。太阳光芒灿烂、辉煌耀眼，流星在向它频频召唤，满天的星斗都在向它眨眼，希望它能够指向自己；然而，磁针却凭着自己的本能，不论是在温暖和煦的阳光下，还是在狂风怒雨的恶劣天气中，它的指针都始终如一，从不迷失方向，永远坚定地指向北极星。因为从远古一直到现在乃至遥远的将来，当所有其他的星星都在不知疲倦地绕着它们的中心旋转运动时，北极星却在它自己的轨道上极其缓慢地移动着，从地球上看，它的位置几乎是永远不变的，因而航海和旅行的人常靠它来辨别方向。离弦的箭是不可能在飞行轨迹中兜几个圈子再决定射往哪里，它只能是笔直向前地奔向目标。

在我们生活的旅程中，同样也是如此。向我们频频招手的是各种各样的诱惑，试图诱使我们偏离对既定目标的追求——也是偏离对真理和自身职责的追求；但是，正如流星虽然在天际璀璨耀眼，月亮虽然凭着借来的光华可以银光四射，但它们都无法为迷路的旅人指示方向一样，我们也决不能被形形色色的诱惑迷惑，从而偏离真正适合自己的人生航线。

第七章

拒绝拖延磨蹭，成就未来

守时与精确是成功的一对相貌平平的双亲。每个人的成功故事都取决于某个关键时刻，这个时刻一旦犹豫不决或退缩不前，机遇就会失之交臂，再也不会重新出现。

拖延会带来致命的后果

每个人的成功故事都取决于某个关键时刻，这个时刻一旦犹豫不决或退缩不前，机遇就会失之交臂，再也不会重新出现。

英国亨利八世统治时代的留言条上经常出现一句话，以警示人们。那就是“快！快！快！为了生命加快步伐！”旁边往往还附有一幅图画，画着没有准时把信送到的信差在绞刑架上挣扎。当时还没有邮政事业，信件都是由政府派出的信差发送的，如果在路上延误要被处以绞刑。

我们现在只要几个小时就可以到达的路程，在古老的、生活节奏缓慢的马车时代，要用一个月的时间。但即使在那样的年代，不必要的耽搁也是犯罪。对时间的准确测量和利用是文明社会的一大进步。我们现在一个小时可以完成的工作量，相当于一百年前人们二十个小时的工作量。

“拖延带来致命的危险后果”，由于凯撒没有来得及提前看到一条消息，使他在议院丢掉了自己的性命。驻扎在特伦顿的雇佣军总指挥拉尔总督在打牌时收到一份情报，情报的内容是说华盛顿的军队正在穿越德勒华，要向这里进攻。但他随手把信塞到口袋里，直到牌打完了才拿出来看。结果，等他仓促地把队伍集合起来，为时已晚，部队全军覆没。仅仅几分钟的耽搁使他丧失了尊严、自由和生命！

守时与精确是成功的一对相貌平平的双亲。每个人的成功故事都取决于某个关键时刻，这个时刻一旦犹豫不决或退缩不前，机遇就会失之交臂，再也不会重新出现。

马萨诸塞州州长安德鲁说：“我的第一个问题是采取什么行动，如果这个问题得到肯定的回答，第二个问题就是下一步行动是什么。”

安德鲁在1861年3月3日给林肯的信中写道：“我们接到你们的宣言后，就马上开战，尽我们的所能，全力以赴。我们相信这样做是美国和美国人民的意愿，我们完全废弃了所有的繁文缛节。”1861年4月15日星期一，他在上午从华盛顿的军队那边收到电报，而在第二个星期天上午九点钟他就作了这样的记录：“所有要求从马萨诸塞出动的兵力已经驻扎在华盛顿与门罗要塞附近，或者正在去往保卫首都的路上。”

英国社会改革家乔治·罗斯金说：“从根本上说，人生的整个青年阶段，是一个人沉思默想、个性成型和希望受到指引的阶段。命运无时无刻不受摆布的青年阶段——某个时刻一旦过去，指定的工作就永远无法完成，或者说如果没有趁热打铁，某种任务也许永远都无法完工。”

拿破仑非常重视“黄金时间”，他知道，每场战役都有“关键时刻”，稍有犹豫就会导致灾难性的结局，把握住这“黄金时间”意味着战争的胜利。拿破仑说，因为奥地利人不懂得五分钟的价值，所以他们能打败奥地利军队。据说，在滑铁卢拿破仑被击败的战役中，那个性命攸关的上午，就因为他自己和格鲁希晚了五分钟而惨遭失败。布吕歇尔按时到达，而格鲁希晚了一点。就因为这一小段时间，拿破仑被送到了圣赫勒拿岛上，从而使成千上万人的命运发生了改变。

任何时候都可以做的事情，往往永远都不会有时间去做。这一句家喻户晓的俗语，几乎可以成为很多人的格言警句。

当有人问约翰·杰维斯（即后来著名的温莎公爵），他的船什么时候可以加入战斗，他回答说：“现在。”伦敦的非洲协会想派旅行家利亚德到非洲去，人们问他什么时候可以出发。他回答说：“明天早上。”科林·坎贝尔被任命为驻印军队的总指挥，在被问及什么时候可以派部队出发时，他毫不迟疑地说：“明天。”

本来在心情愉快或热情高涨时可以很快完成的工作，被推迟几天或几个星期后，就会变成苦不堪言的负担。与其费尽心思地把今天可以完成的任务千方百计地拖到明天，还不如用这些精力把工作做完。而任务拖得越后就越难以完成，做事的态度就越是勉强。在收到信件时没有马上回复，以后再回信就不那么容易了。许多大公司都有这样的制度：所有信件都必须当天回复。

要想避免做事情的乏味和无趣，你需要当机立断。拖延通常意味着逃避，其结果往往就是不了了之。做事情就像春天播种一样，如果没有在适当的季节行动，以后就没有合适的时机了。无论夏天有多长，也无法使春天被耽搁的事情得以完成。某颗星的运转即使仅仅晚了一秒，它也会使整个宇宙陷入混乱，后果不可收拾。

拒绝拖延磨蹭，做到果断行动

习惯于采取果断行动的人，即使偶尔犯错误，也比一个头脑聪明却总是磨蹭拖延的人更可能获得成功。

爱尔兰女作家玛丽·埃奇沃斯说：“没有任何一个时刻像现在这样重要，不仅如此，没有现在这一刻，任何时间都不会存在。没有任何一种力量或能量不是在现在这一刻发挥着作用。如果一个人没有在热情高昂的时候采取果断的行动，以后他就再也没有实现这些愿望的可能了。所有的希望都会淹没在日常生活的琐碎忙碌中，或者会在懒散消沉中流逝。”

有人问瓦尔特·雷利：“你怎么能在这么短的时间取得这么大的成就呢？”“如果我需要做什么事情，我就马上去做。”这就是全部的答案。习惯于采取果断行动的人，即使偶尔犯错误，也比一个头脑聪明却总是磨蹭拖延的人更可能获得成功。

科贝特说，他的成功可以归结为“随时做好准备”的积极实干态度。如果不是这一点，即使把他所有的天赋加起来也不会有太大的作为。

“正是因为这种个性，我才会在军队里得到提升。”科贝特说，“如果我要在十点钟值班，九点钟我就做好了准备。从来没有一个人或一件事因为我而耽搁一分钟。”

当有人问一名法国政治家，他怎么能够在职业上取得巨大成就的同时还承担多种社会职务，他回答说："我只是从不把今天可以做的事情拖到明天，如此而已。"据说，有一位从事社会工作的人遭到了失败，他正好把这个过程颠倒过来，他的格言是："今天决不做那些能够推到明天的事情。"本来可能加以利用从而有所作为的时间，有多少人因无所事事而把它浪费了，因与亲戚和朋友待在一起不知不觉地消磨掉了。

"明天？你是说明天？"科顿这样说，"明天？我不要听。明天只是个一毛不拔的吝啬鬼，它开给你的是永远无法兑现的空头支票。它用虚假的许诺、期待和希望大量地剥削你的财富，明天！明天的父亲就是愚蠢，而它是一个想入非非的孩子。结果只能永远做着白日梦。明天就像夜晚的幻影一样虚无。在亘古不变的时间长河中，明天是个永远都找它不到的狡猾家伙，只有傻瓜才会对它念念不忘、情有独钟。智者从来不会相信所谓的明天，也从来不屑于与对明天津津乐道的人们为伍。"哦！又有多少一事无成的人这样说："我花了一辈子的时间来追求明天，一直都以为明天会给我带来无穷无尽的益处。"

"但他还是积习难改，"英国小说家查尔斯·里德在他的作品《挪亚的皮革商》中写道，那个老是欠债不还的小职员在下定决心后，忽然感到一阵困倦袭来，就迷迷糊糊地睡着了，"过了很久，他从沉沉的困倦中醒了过来，朝那些收据看了最后一眼，嘴里含糊不清地嘟哝着，'哦，我的头怎么这么沉！'但是，他马上坐了起来，又开始自言自语，有一句没一句地嘟哝着：'明天——我——要把它带到——彭布鲁克去；明天……'第二天到来的时候，警察发现他已经死了。"

魔鬼的座右铭是"明天"。整个历史长河中不乏这样的例子，很多智慧超群的人留在身后的仅仅是没有实现的计划和半途而废的方案。明天对懒散而无能的人来说，是他们最好的搪塞之词。

有两句充满智慧的俗语说得好：一句是"趁热打铁"；另一

句是“趁阳光灿烂的时候晒干草”。

有人曾经在亨利面前称赞麦亚尼具有高超的技巧和过人的勇气。“你说得很对，”亨利说，“他是位了不起的将军，但是我总是比他早五个小时。”亨利早上四点钟起床，而麦亚尼上午十点多钟起床。这一点造成了他们两个人之间的所有差别。

对大多数人而言，早晨几小时往往是这一天会不会过得充实的关键时刻。自己通常在什么时候比较懒散倦怠，很少有人注意到这个现象。有的人是午饭后，有的人是在晚饭后，还有的人在晚上七点钟以后就什么都不想干了。每个人一天的生活往往都有一个关键时刻，如果这一天不想白白度过的话，这个时刻一定不要浪费。

迟疑不决是一种疾病，拖延磨蹭则是它的前期症状。对那些深受犹豫不决之苦的人来说，唯一的改正办法就是作出果断的决定。否则，这一疾病将成为摧毁胜利和成就的致命武器。通常来说，犹豫不决的人就是失败的人。

珍惜每一分每一秒，是成功的重要原则

要养成早起的好习惯，这一生活习惯的巨大价值怎么说都不为过。对一般人来说，一天睡眠八个小时就足够了。七个小时的睡眠其实也不算少。

一位著名作家说过，床是个让人又爱又恨的东西。我们晚上上床睡觉前，想到没有完成的工作总觉得睡觉还太早；但是，我们早上同样不愿意早起床。我们每天晚上下决心第二天早上一定要早起，但是，我们每天早上还是磨磨蹭蹭不愿意起床，躺在床上伸懒腰打哈欠。

然而，大部分杰出人物起床都很早。彼得大帝总是天一亮就起床。他说："我要使自己的生命尽可能地延长，所以就尽可能地缩短睡觉的时间。"哥伦布在清晨的几小时计划寻找新大陆的航线，腓特烈大帝在拂晓前起床，拿破仑在清晨考虑他最重要的战略部署。古代和现代的许多著名天文学家都习惯早起，哥白尼即为其中一例。历史学家班克罗夫特天亮起床，诗人布赖思特五点钟起床。我们所熟知的很多重要作家早晨都起得很早。另外，韦伯斯特、华盛顿、杰斐逊、克莱和卡尔霍恩等政界要人也都习惯早起。

丹尼尔·韦伯斯特经常在早餐前写二十到三十封回信。

瓦尔特·司各特也是个非常守时的人，这也是他取得众多成

就的秘密所在。他早上五点起床。他自己曾经说，到早餐时，他已经完成了一天当中最重要的工作。一位渴望有杰出成就的年轻人写信向他请教，他这样答复："一定要警惕那种使你不能按时完成工作的习惯——我指的是'拖延磨蹭的习惯'。千万不要在完成工作之前先去玩乐。要做的工作马上去做，干完工作后再去消遣。"

要养成早起的好习惯，这一生活习惯的巨大价值怎么说都不为过。如果这个人身体健康，在床上躺八小时后，他就应该起床，很快地穿好衣服去工作。对一般人来说，一天睡眠八个小时就足够了。七个小时的睡眠其实也不算少。

约会是一件像婚姻一样神圣不可亵渎的事情。一个不守约的人，除非理由充分，否则就是个十足的骗子，他周围的整个世界就会像对待骗子那样对待他。

"一个人如果根本不在乎别人的时间，"贺拉斯·格里利说，"这和偷别人的钱有什么两样呢？浪费别人的一小时和偷走别人五美元有什么不同呢？况且，很多人工作一小时的价值比五美元要多得多。"

华盛顿经常这样说："我的表从来不问客人有没有到，它只问时间有没有到。"华盛顿总统四点钟吃饭，有时候应邀到白宫吃饭的国会新成员迟到了，这个时候华盛顿就会自顾自地吃饭而不理睬他们，这使他们很尴尬。

他的秘书找借口说，自己迟到的原因是表慢了。华盛顿回答说："那么，或者你换块新表，或者我换个新秘书。"

拿破仑有一次请元帅们和他共进晚餐，他们没有在约定的时间到达，他就旁若无人地先吃起来。他吃完刚刚站起来时，那些人来了。拿破仑说："先生们，现在就餐时间已经结束，我们开始下一步工作吧。"

富兰克林对总是迟到却总是有借口搪塞的佣人说："我发现，

擅长找借口的人通常除此之外什么都不擅长。”

约翰·昆西·亚当斯也从不拖延。议院开会时，看到亚当斯先生入座，主持人就知道该向大家宣布各就各位，开始会议了。有一次发生了这样一件事，主持人宣布就座时，有人说：“时间还没到，因为亚当斯先生还没来呢。”结果发现是议会的钟快了三分钟，三分钟后，亚当斯先生像往常一样准时到达。

韦伯斯特在上学时从不迟到，在法庭、国会和社会公共事务中他也同样准时。在日理万机的繁忙生活中，贺拉斯·格里利每次约会都会准时到达。《论坛报》上很多睿智犀利的文章都是他在其他编辑悠闲地等着和别人一起消遣，或会议迟迟没有开始时写成的。

恪守时间，成就未来

工作的灵魂和精髓之所在就是恪守时间，同时这也代表了明智与信用。

“我的一些朋友遭遇了一种特别的不幸，”美国联邦主义的倡导者汉密尔顿说，“在上帝造人的时候，他给人规定了一定的工作量，同时还赋予了人支配时间的能力。这样，如果他们准时开始工作，并且一直勤勉不已的话，最后时间刚好与工作量一致。但是，许多年前他们就遇到一件怪事：有一部分时间毫无缘由地丢失了。他们不知道时间是怎么丢失的，但他们知道得很清楚：时间确实少了。就好像本来有两条线段，但其中一条比另一条短了一英寸；工作和时间并列平行，但是时间总是比工作少十分钟。他们去寄信的时候邮局的大门刚刚关上，他们到达港口时正好看到轮船起航，他们赶到车站时火车刚刚开走。他们没有违反承诺，也没有渎职，但是做任何事情都刚好晚那么一会儿，就因为错过很短的一刻钟，他们竟然什么也干不成。”

工作的灵魂和精髓之所在就是恪守时间，同时这也代表了明智与信用。

守时，据说还代表了彬彬有礼、温文尔雅的贵族风范。有些人总是显得行色匆匆，他们总是手忙脚乱地完成工作，给你的印象就好像他们总是在赶一辆马上就要开动的火车。他们没有掌握适当的做事方法，所以很难会有什么大的成就。在著名商人阿蒙斯·劳伦斯从事商业生涯的最初七年里，他从不允许任何一张单据到星期天还没有处理。商业界的人士都懂得，商业活动中某些重大时刻会决定以后几年的业务发展状况。如果你到银行晚了几个小时，票据就可能被拒收，而你借贷的信用就会荡然无存。

学校生活最大的优点之一就是有铃声催你起床、告诉你什么时间该去晨读或者上课，教你养成从不拖延、遵守时间的习惯。每个年轻人都应该有一块表，以便随时看时间。事事习惯“差不多”是个坏毛病，从长远来看隐患更大。

“哦，我多么喜欢那个任何事情都按时完成的小伙子！”布朗先生说，“你很快就会发现，自己可以信赖他，并且很快就可以让他处理越来越重要的事情。”办事从不拖延、一贯准时的好名声，往往是积累成功资本的第一步。有了这第一步，成功自然就是水到渠成。

要想给你带来美好的名声，那么从不拖延是使人信任的前提。它最好不过地表明，我们的生活和工作是有条不紊、按部就班的，使别人可以相信我们能出色地完成手中的事情。遵守时间的人一般都不会失言或违约，都是可靠和值得信赖的。

一家在本行业遥遥领先、资金雄厚的公司破了产，就是因为代理机构在得到通知后没有把必要的资金及时转移过来。火车司机的表慢一点就会发生严重的撞车事件。仅仅因为带来赦免令的信差晚到了五分钟，一个无辜的人被处死。由于一个人停下来听了五分钟无关紧要的废话，他坐车或乘船出行的计划就会因此泡汤。

一听到攻陷萨姆特尔的消息，格兰特将军马上决定收编敌人的军队。当巴克纳派人把休战旗送到多耐尔逊，并提出要求约定商议投降条件的时间时，格兰特将军脱口而出：“除非马上无条件投降，我们不接受任何其他条件。我提议马上开始着手你们的工作。”巴克纳说，客观条件使他不得不接受“格兰特提出的苛刻而毫不通融的条件”。

像拿破仑一样能够当机立断地抓住关键事物，丢开琐碎顾虑的人更有机会获得成功。

仅仅是因为没有把握好当初关键的五分钟，许多人浑浑噩噩，最终一事无成。失败者的墓碑上字里行间都充满了这样的警示：“太晚了。”往往就在几分钟之间，胜利与溃逃、成功与失败轮转换位，其结局大相径庭。

第八章

良好的修养，可以轻易取信于人

无论身处顺境、逆境，行事适度是一个宽宏大量的人总在追求的原则。他不允许别人对他嘲弄贬低，也不期望人们的欢呼喝彩。成功的时候不会得意忘形，遭受了失败也不愁眉苦脸。他不会去做无谓的冒险，不会随随便便谈论自己或者别人。他不在意别人的毁誉，也不会对人求全责备。

良好的仪容姿态，是一生的财富

不论我们走到哪里，举止大方得体，总能够让我们如虎添翼。

有一个以前曾经担任过军官的士兵，表现很称职，于是，他向上面提出希望恢复原来的职务。但是，准尉副官一看见他那副模样就大为光火，用他浓重的伦敦口音呵斥道："见鬼，他以前不是做过军官吗？他耷拉着脑袋干吗？知不知道什么叫举止得体？谁想要做个合格的士兵，我就要他把下巴抬起来，威风一点，有人来惹事就给他脑袋上来一下，不然干脆去做修道士。连自己的士兵都不敢正眼瞧一瞧，做什么军官？"

这段话虽然说得有点人老粗，却告诉了我们一个让人信服的道理：对士兵的前途来说，良好的仪容姿态也是至关重要的。不论我们走到哪里，举止大方得体，总能够让我们如虎添翼。

一次，东风对西风说："你瞧，你难道不想和我一样吗？我的力量多大啊！看，我每次出发的时候，整个海岸都会大雨倾盆，人们就知道我要来了。我只要轻轻一掀，海船的桅杆就可以被我卷走，不费一点力气，就像你遇到蒲公英一样。我扇一扇翅膀，从拉布拉多到好望角，整个海洋就海浪滔天。我只需要挥一挥手，就可以把大西洋都举起来。这样的事情我都干过很多次了。我吹一吹气，没有哪个地方的人们不瑟瑟发抖。只要看见我，那些老弱病残就吓得躲起来，我的力量可以一直钻到他们的骨髓里去。人们拿我没办法，只好去砍柴挖煤，生火取暖。你看，我这样的威力，你难道不想有吗？”

西风听了东风的这番话，什么也没说，只是从云层中露出了脑袋。一看见它，每一个湖泊和海洋，每一条小河，每一片森林和土地，各种飞禽走兽，还有忙碌的人们，都发出了欢快的笑声。它一出现，花园里百花盛开竞相争艳，果树上结出了累累的果实，麦田也换上了金黄的颜色。白云开始自由自在地飘荡，鸟儿张开了翅膀在空中翱翔，海上也满是片片的风帆。到处都是幸福欢乐的景象。与东风的残忍凶暴、傲慢无礼相比，与它咄咄逼人的挑衅相比，西风却到处呈现温暖、欢乐和美丽的景象，到处充满生命与活力，花草树木也竞相开放、努力生长。这些就是西风对东风的回答。

还有一个故事，有一次伊丽莎白女王用倨傲的语气和她的丈夫阿尔伯特亲王说话，伤了亲王作为男人的尊严。亲王就一个人进了自己的房间，把门锁了起来。过了大约五分钟，有人过来敲门了。

“谁？”亲王问道。

“我，给英国女王开门。”女王傲慢地回答。

但门没有丝毫动静。隔了许久，又响起了敲门的声音，不过这次声音轻柔了些，还听见一个轻轻的声音说道：“是我，维多利亚，你的妻子。”

不用我再多说什么，大家都能猜到门会不会打开，两个人是否会重归于好。正像有人说的，良好的教养就好像非凡的美貌，能够马上让人产生好感。

高雅的举止，可以改变命运

斯塔尔夫人所具有的一种难以形容的风流。正是这种风流气质，多少人都拜倒在她的石榴裙下，唯她的意志是从；多少人因她而改变了自己的政治主张。

有一个很有趣的古代传说，说的是一个触犯了教皇的叫巴什尔的修道士，被逐出教会。他死后，一个天使专门负责在地狱等他，因为他受过处罚，只能在那里为他找一个合适的位置。可是，这个修道士性情温和，他的语言很能够打动别人，所以他无论到了哪里，都会有一大帮朋友。即使是犯了错误的天使，认识他以后也会改过迁善，而那些完美无瑕的天使，也会慕名而来与他交往。他被发落到了地狱的底层，可是，他去了以后，那里又出现了同样的情形。他天性的和善，他天生的文明教养，任何力量都无法抗拒他，地狱也因为他的到来而变成了天堂。最后，那个负责接待他的天使又回来找到了修道士，告诉他说，实在找不到一个可以惩罚他的地方。什么都改变不了他，他还是那个神志清楚的巴什尔。最后，只好宣布取消对他的处分，封他做了圣徒，并让他进了天堂。

还有一个关于教养的故事。一次，一位绅士带他十六岁的女儿去看一场审判。受审的犯人是这位绅士的一个死对头，名叫阿伦·伯尔。在这位绅士的眼里，他是一个大卖国贼。可是在审判中，绅士的女儿竟被阿伦·伯尔那迷人的风度完全吸引住了，她禁不住站在了被告的那一边。这位绅士气急败坏，把她拖出了法庭，锁在了家里。可是，年轻姑娘的心灵已经完全被那位被告优雅的举止占据了。姑娘相信他是无辜的，并不停地祷告，祈求他能平安获释。过了五十年之后，那姑娘已经成了老妇人，但当回想起这件事时她说："一直到今天，只要一想起他的举止风度，我还会怦然心动。"

马尔波罗公爵曾率领英荷联军击败法国国王路易十四，据说他的英语写得很糟糕，说起话来也结结巴巴的，但是，正是他掌握着众多国家的命运。他姿态优美，整个欧洲几乎为他倾倒，几乎每个遇见他的人都为之着迷。即使那些对他怀有最恶毒的仇恨的人，把他看作不共戴天的仇人的人，一接触公爵那迷人的微笑，娓娓的言谈，他们也会情不自禁地抛开敌意，和他交上朋友。

法国的雷卡米耶夫人风姿绰约，美丽动人。有一次，她在巴黎街头圣罗歇教堂的募捐箱前一亮相，箱子里顷刻之间就多了两万法郎。拿破仑从意大利凯旋，在盛大的欢迎仪式上，人们也仿佛只注意到了这位夫人的魅力，而几乎冷落了归来的英雄。

美迪隆夫人谈笑风生，举止高雅，凡是有她在场，客人都会把生活中一切不愉快的事情抛得远远的。有一次，一位侍者走到美迪隆夫人身边耳语道："夫人，今天没有烤肉了。您再讲个故事吧。"

圣伯夫说过一件事情，在法国科培特有一个贵族圈子，一次他们短途旅行去了夏伯雷，回来的路上他们分乘着两辆马车。到家的时候，第一辆车上的人都叫苦不迭，天下着暴雨，路也颠簸得厉害，一路上尽是倒霉的事。但第二辆车上的人听到他们这么说都瞪大了眼睛：什么暴雨，什么危险，什么道路泥泞不平，他们竟然一点都不知道。哦！他们当时一点都没有注意到地面上是什么样子，只是尽情地呼吸着纯净的空气。这就是令人欢跃的谈话带给他们的感觉。坐在车上的有本杰明·贡斯当、斯塔尔夫人、雷卡米耶夫人，还有施莱格尔，他们一个个都兴致勃勃，谈话使他们对恶劣的天气、对路面的颠簸都浑然不觉。

“如果我是女王的话，”苔丝夫人曾经说过，“我一定要下诏，让斯塔尔夫人每天过来陪我聊天。”

我们通常所说的美丽也有自惭形秽的时候，那就是斯塔尔夫人所具有的一种难以形容的风流。正是这种风流气质，多少人都拜倒在她的石榴裙下，唯她的意志是从；多少人因她而改变了自己的政治主张。对他们来说，她就像万能的主一样。即使是伟大的拿破仑皇帝，对她也是又怕又恨，他看到斯塔尔夫人在自己统治的国度能够呼风唤雨，下令把她的著作全部销毁一空，把她本人也逐出法国。

惠蒂埃的话不仅适用于斯塔尔夫人身上，也可以用到许多别的女人身上——

因为她，我们的家庭更快乐，
我们的庭院更明亮；
只要她一露面，
大家都舒心欢畅。

良好的举止，更容易取信于人

乔特的长处，不仅在于他逻辑的严密与思维的清晰，他的行为举止也都使人无法不相信他的话。

一个非常了解狄更斯的人说："每次狄更斯一走进来，房间里会豁然一亮，大家都会油然而升一股暖意。"

众议员阿瑟·卡瓦纳夫是个手脚有残缺的残疾人。一次，一个访客在他家里做客了两个星期。客人很想知道，卡瓦纳夫的生活是怎么自理的。可是，每一次见面谈话的时候，客人几乎都忘了他是个残疾人，因为卡瓦纳夫的谈吐举止都深深地吸引了他。

据说，歌德有一次来到一个小饭店时，用餐的人们都放下了手里的叉子和小刀，争相向他表示景仰之情。

所有见过亨利·克莱的人都印象深刻。作为美国的政治家，亨利·克莱举止文雅、彬彬有礼。有一次，宾夕法尼亚州的一个旅馆老板，还为此千方百计想让亨利·克莱走下马车，给他和他的妻子做一次演讲。

马其顿的菲利普进攻希腊的时候，雅典的著名政治家德谟斯提尼向他的人民做了一次著名的演讲。菲利普从底下人那里知道了演讲的场面，不禁叹息道："如果我也不幸在场聆听他的演讲，一定会被他说服，拿起武器去和菲利普战斗。"

美国著名牧师、政治活动家爱德华·埃弗雷特在欧洲求学五年，然后在哈佛获得了教席。在哈佛期间，学生们无比崇拜他。人人都能感觉到他的魔力所在，但谁也说不出是怎么回事。那种魔力简直就像依附在他身上一样，从来不会离开他。

乔特是著名的辩护律师。说来也巧，在他担任辩护律师的案子中，有一个人连续五次都是陪审团成员。这是个很单纯的人，他这么形容乔特："我倒没有觉得他的口才有什么了不起，可是他的运气实在好极了。连续五次，每次他都刚好选择了正确的一方做辩护。"乔特的长处，不仅在于他逻辑的严密与思维的清晰，他的行为举止也都使人无法不相信他的话。

一个来自纽约的妇人走上了开往费城的火车，她走进了一节车厢，坐在了座位上。这时候，走过来一位略显肥胖的男子，坐到她前面的座位上，然后点燃了一根香烟。她禁不住咳了几声，身子也挪来挪去。可是，那个男子丝毫没有注意到她的暗示。最后，妇人终于忍不住开口说道："你多半是外国人吧？大概不知道这趟车专门有一节吸烟车厢？这里是不让抽烟的。"那个男子一声不吭，掐灭了香烟，扔出了窗外。

过了一会儿，列车员过来对老妇人说，这里是属于格兰特将军的私人车厢，请她离开。她听了大吃一惊，站起身往门口走，边走边为将军刚才的举动奇怪。这时候，她看着将军一动不动的身影，心里有些惊慌和害怕，就这样一直退到门那里。而整个过程中，将军仍像刚才一样没有给她任何难堪，甚至也没有取笑嘲弄她的神情，表现出了他的宽容大度。

美国第 21 任总统阿瑟有一次带着朱力安·拉尔夫去访问千岛群岛。有一天，拉尔夫把总统的行程用电报向报社做了报告，回到旅店已经是凌晨两点了，旅店大门已经紧锁了。和他随行的还有两个朋友，三人一起使劲地敲着旅店的边门，想把服务员叫醒给他们开门。可是，门开的时候，他们才发现，竟然是美利坚的总统为他们开门。这个时候他们简直别提有多懊悔了。拉尔夫赶紧向总统道歉，请他原谅。“这没什么啊，”总统回答道，“如果我不在的话，估计你们要到天亮才能进房间了。正好就我没睡。可惜我的男仆也睡着了，他睡得正香，我就不想叫醒他了。不然倒是可以让他来开门。”

英国国王爱德华还是威尔士亲王的时候，就享有“欧洲第一绅士”的美誉。一天，他设宴招待一位贵宾。席间，当仆人上了咖啡后，客人在众目睽睽之下，竟然拿着茶托喝起了咖啡。他的行为被大家看入眼里，都纷纷忍不住窃笑。大家的表情被亲王注意到了，他很快知道了原因。他也很郑重地拿起自己的杯子，把咖啡倒在茶托里，像客人刚才那样喝着咖啡。他这样做是为了不让客人感到难堪。亲王的家人看到了，一个个面红耳赤，意识到自己的不礼貌，随后也都仿效亲王的样子，拿茶托喝起咖啡来。

影响力，首先来自于良好的修养

> 通常我说话的时候不会说“我要什么什么”，只有一种场合例外——我经常会对人说：“我要我周围的人都幸福快乐。”

维多利亚女王极为赞赏著名作家卡莱尔的作品，尽管卡莱尔出身农民，但女王仍然有意授予他贵族头衔。可是卡莱尔不愿接受这种册封，他认为，其实自己已经按照自己的方式成为贵族了，于是谢绝了女王的好意。不过，他对宫廷礼仪一窍不通。一次，女王派人召他入宫，他和女王聊了一会儿，觉得身体有些累了，他居然毫无顾忌地说道：“夫人，让我们坐下谈吧。”一听他的话，在场的宫廷贵族几乎都要晕倒。但女王确实不同凡响，她用手势示意大家落座。

女王之所以愿意暂时屈尊，抛开宫廷的礼节，我们从卡莱尔一位朋友对他的评价中也可以看出端倪。这个朋友第一次见到卡莱尔的时候，就对他有这样的评价：“他有一种说不出的神秘感，一出场就会影响大家，这会刺激一个人的神经。我是想来一睹天才的风采，最后离开的时候却像喝醉了酒一样。”

有些人天生就有一种风范与气质，可以让别人心甘情愿地服从他。究竟怎么样才能产生这样的魔力呢？这样的人一出现，大家都好像被催了眠一样。谁不愿意拥有这样的魔力呢？哪怕为了它而放弃一切，我们甚至都心甘情愿。那么，这种人格魔力的秘密究竟在哪里呢？

人们通常认为在层次越高的地方，人们的举止也就越文明。其实这是一种错觉，实际并非如此。即使是像宫廷这样的地方，一些失礼的举动也屡见不鲜。很多年以前，英国的爱德华亲王和威尔士王妃举行了一次盛大的晚会，应邀参加者都是上层阶级中的头面人物。王妃当时刚刚新婚不久，当她出现在大厅的时候，人群中立刻引发一阵骚动，大家争相朝前涌去，想一睹她的风采。就在人潮拥挤时，一座女王的半身塑像被推倒了，摔成了几块，石像的基座也翻了过来。但大家并没有止步，相反，那些平时温文尔雅的小姐、夫人，都争先恐后地站到了塑像的基座上，伸长脖子想看个究竟。

据说，俄国女王凯瑟琳每次招待贵族时，都会事先和大家约法三章，把要遵守的礼节印在卡片上发给大家。其中就有这样的话："先生不许殴打随行的妻子。不到宴会结束，先生们不能醉倒。女士们请勿用酒杯漱口，勿用叉子剔牙，勿用桌布擦脸。"甚至直到今天，俄国在举止仪态方面也没有出现过什么值得称道的人物。

"礼仪"一词，最早的意思是指挂在箱包上的标签，告诉人们里面装有什么是它的功能作用。有了这个标签，在过海关时箱包就可免于开箱检查了。后来，社交场合中用来提醒客人应该注意哪些事项的小卡片，也用这个词来表示。这些注意事项就是"礼仪"，也就是标签的作用。于是，遵守这些"礼仪"、让自己的行为符合卡片上的规定，就成了上层阶级的要求。

拿破仑在出任意大利远征军总司令前，与约瑟芬喜结良缘。约瑟芬仪态万方，什么事经她之口很容易让人心悦诚服。当时在法国拿破仑虽然已经有了许多忠实的信徒，愿意为他赴汤蹈火，但这些人的作用和约瑟芬的那种魅力相比，简直不值一提。比起拿破仑在战场上的角色，她在客厅、沙龙里的作用也一点都不逊色——在这些地方，她是当之无愧的统帅。不只是法国人把她奉为女王，即使是被拿破仑征服的那些民族，人们也对她爱戴有加，那么，她的个性之中，究竟有些什么特别的地方呢？

她自己的话就是很好的解释。一次，她对一个友人说："通常我说话的时候不会说'我要什么什么'，只有一种场合例外——我经常会对人说：'我要我周围的人都幸福快乐。'"

在路上，她递给人们的，
只是一句普普通通的"早上好"，
但整整一天，
人们都感觉到了早晨的芬芳。

自然缺陷，可通过良好的举止弥补

> 文明的举止足可以替代金钱的作用，教养本身就是一笔财富。有了它就像有了通行证一样，可以畅通无阻。

一切自然的缺陷都可以通过良好的举止来弥补。通常，一个人最吸引我们的，不是容貌的美丽，而是让人诚服的举止仪态。古时候，希腊人认为上帝的一种特殊恩宠是美貌，但如果一个美貌的人能同时表现出某种不好的内在品质，就不再值得我们膜拜。在古希腊人的理想中，某种内在美好气质反映出来就是外在的美貌，这些气质包括自足、快乐、和善、宽厚和友爱等。政治家米拉波，据说他长了一张麻子脸，是法国一个出名的丑男，却没有人不被他的风度所折服。

就像艺术上的美一样，一种性格的美就在于它的流线型——没有棱角，线条始终保持连续、柔和的弧形。很多人的心灵不能向世人展示更优美的品质，无法更上一层楼，正是由于个性中存在的棱棱角角。无论有什么样出色的品质，一旦表现出唐突、粗暴、不合时宜，其价值自然而然就会受损。而实际上，只要我们多加修饰，注意举止文明，往往可以事半功倍。

据说，为了画好日后风靡希腊的美神图，古希腊著名画家阿佩利斯事先曾专程到各地游历，以便仔细观察各类年轻貌美的女子，将她们的长处都汇集到他画的美神身上。整个过程历时数年之久。同样的道理，一个举止文明的人，应当注意观察、研究他所接触的各种文化圈子的人，择其善者而从之，这才能使自己拥有真正的教养。

一个聪明人曾经打过一个比方说，我们扔一块骨头给一只狗，狗会扑过去用嘴衔住，不过它的尾巴并不会摆动；但如果我们把狗喊过来，亲手把骨头递给它，抚摩它的脑袋，狗就会将尾巴来回摇个不停，做出感激涕零的样子。连狗都懂得好歹，知道用什么方式表示感激之情；但一些不懂得分辨是非好坏、无情无义的人竟然从来不会表示感激之情。

英国爱丁堡的古斯里博士曾经说过："如果你在罗马向人问路，当地人都会彬彬有礼，给你一个满意的答复。但是，如果你是在我们苏格兰，要向人问路，得到的回答会是：'你往前走不就得了？'之所以有这种差别，还不能怪那些下层社会的人。一般老百姓之所以不懂礼貌，根源还在这个社会的也缺乏教养的上层。我还记得第一次到巴黎的时候，那里的一切给我留下了非常深的印象。第一个晚上我和一个银行家待在一起，他带我去一座公寓。到了那里，一个女仆过来给我们开门。那银行家彬彬有礼地脱下帽子，尊敬地称呼女仆为'小姐'，还向她低头鞠躬。在巴黎，那里的上流社会在对待普通平民的时候总是非常注意礼貌，正因如此，所以我们所看到下层人士一个个都非常有教养。"

文明的举止足可以替代金钱的作用，教养本身就是一笔财富。有了它就像有了通行证一样，可以畅通无阻。所有的大门都向他们敞开，他们也随时随地会受到人们热情周到的接待，即使他们身无分文。他们可以享有一切，甚至不用付出太多，他们在哪里都能让人感到阳光一样的温暖，到处受到人们欢迎。因为他们带来的是太阳、是光明、是欢乐。一切妒忌、一切卑劣的心思，遇到他们自然就会举手投降，因为那种与人为善的态度也肯定会把它们感染。蜜蜂怎么会去蜇一个浑身都是蜜的人呢？

这正像英国政治家柴斯特菲尔德所说的："不管别人举止怎么不适当，一个人只要自身有教养，别人都不能伤他一根毫毛。他自然就给人一种凛然不可侵犯的尊严，会受到所有人的尊重。而没有教养的人，容易让人生出侮慢的心理。这就是为什么人们在马尔波罗公爵面前从来不会口出秽言的原因；同样的道理，从来没有人能在罗伯特·瓦尔波爵士那里说出正儿八经的话来。"

真正的绅士，根本无法容忍那些可能激起别人反感的品质存在于自己身上，比如怨恨、报复心理、憎恶、嫉妒等，这些心理特征都是伤害灵魂的凶手，是败坏精神生活的毒药。所以，一个人如果要让自己真正变得有教养，他就应该把自己的慷慨无私、温和善良给予每一个人。

曾经有一个人，他在对待自己的家人和仆人时，动辄发怒，脾气粗暴，要不就是一言不发，整天拉长了脸，而且还十分小气。如果他的妻子想要买一件衣服，向他要些钱，他也会一口回绝，还指责妻子花钱大手大脚——"就算是有百万家财，像你那样也会被你败光。"

正在这个时候，门铃响了，有邻居过来串门。我们可以看到，这个人顿时整个变了模样：突然变得温顺如绵羊，刚才还在做狮子吼的样子消失无踪，现在一下子变得慷慨大方、彬彬有礼起来，说起话来也滔滔不绝，真不知道是谁对他施了什么魔法。一会儿，客人走了，女儿来到父亲的面前，央求他能不能还像刚才那样。但这种状态只持续了几分钟，很快他就又回到了平时那种阴郁的心境，刚才表现的谦和体谅的态度已经不知跑到哪儿去了。他还是从前那头脾气暴躁、让人嫌恶的狮子。

著名的约翰逊博士也是这一方面的例子，每次他吃东西时就像爱斯基摩人；还有，一旦有谁和他意见不一致，他就会冲着别人大喊"骗子"，这种时候，他的朋友们往往没有一个不心惊胆战的。结果，他们送给他一个绰号"大狗熊"。根据社会活动家本杰明·拉什的描述，在伦敦的一次宴会上，哥尔德斯密斯提了一个关于“美洲印第安人”的问题。约翰逊博士高声说道：“北美的印第安人也不会问出这么笨的问题。”“先生，”哥尔德斯密斯针锋相对,“粗暴地和绅士说话,美洲的野蛮人也不会这么做。”

一次，英国政治家斯蒂芬·道格拉斯在参议院开会时，一个出言不逊的政敌用非常恶毒的话侮辱了他。他站起身来，冷冷说道：“这不是一个绅士的口中说出的话，你不要指望绅士会作出回答。”

宽宏大量，是绅士的重要品格

> 无论身处顺境、逆境，行事适度是一个宽宏大量的人总是追求的原则。他不允许别人对他嘲弄贬低，也不期望人们的欢呼喝彩。

早在两千年前，亚里士多德就曾描述过一个真正的绅士所应该具有的样子：“无论身处顺境、逆境，行事适度是一个宽宏大量的人总是追求的原则。他不允许别人对他嘲弄贬低，也不期望人们的欢呼喝彩。成功的时候不会得意忘形，遭受了失败也不愁眉苦脸。他不会去做无谓的冒险，不会随随便便谈论自己或者别人。他不在意别人的毁誉，也不会对人求全责备。”

宝石上了光之后虽然更亮，但首先它必须是宝石。真正的绅士应当表里如一。一个真正的绅士举止谦逊知礼，温文尔雅，不会轻易动怒，更不会主动挑衅。他从不恶意猜度别人，至于自己去作恶，那更是想都没有想过的事情。他努力提高自己的品位，克制自己的欲望，尊重他人，出言谨慎。真正的绅士，应该像瓷器一样，上釉之前就把图案画好。再经过煅烧也不会有任何改变，以后即使沾染了什么，也很容易擦去。一个真正的绅士可能会失去一切，但不会丢掉他的希望、德行、自尊、勇气和达观。这样，即使他失去了一切物质财富，他在精神上仍然很富有。

当时在巴黎最受欢迎的人士是美国驻法国大使富兰克林。后来他返回了美国，由杰斐逊接替他的职务。法国的沃格涅斯伯爵向杰斐逊表示祝贺，他说："听说你取代了富兰克林？"这位在欧洲所有宫廷都赢得人们尊敬的美国人杰斐逊，非常得体地回答道："取代他，这是没有人能做到的。我只是接替了他的职务。"

教皇克雷芒十四世当选之后，各国使节纷纷向他鞠躬表示祝贺，教皇同样鞠躬以答谢他们的好意。这时，身边负责仪式典礼的主教提醒他："您不必还礼。""哦，请原谅，"克雷芒回答道，"我做教皇的时间还不够长，还没有把应有的礼节都遗忘干净。"

英国文人考柏在一首诗中写道：

谦恭的人和有教养的人，他们不会侮辱我；
其他的人，他们侮辱不了我。

法国启蒙思想家孟德斯鸠曾经说："我从来不去听别人说什么流言蜚语。因为如果是真的，它有可能让我去憎恨一些不值得我关注的小人。如果这些消息是假的，我就有上当受骗的危险。"

爱默牛有一段精辟的话，他说："在安徒牛《皇帝的新衣》里面，织工们织的那件肉眼看不见的美丽衣服，在我看来代表了文明的教养。一个帝王，确实需要这样一件衣服做他的装饰。"

体谅与关心，是修养的重要一课

> 这种东西好像是我们日常呼吸的空气一般，平时我们感觉不到它的存在，但润物细无声，天长日久、一点一滴地对我们产生作用。

我们人生的巨大财富包括了文明的举止，还有它背后所蕴藏的对人的体谅、关心。它是天性优雅的产物，是进入上流社会的阶梯。不同的举止，可以使我们或者平静，或者恼怒；或者与禽兽为伍，或者与圣贤同列；或者兴高采烈，或者羞愧难当。这种东西好像是我们日常呼吸的空气一般，平时我们感觉不到它的存在，但润物细无声，天长日久、一点一滴地对我们产生作用。这是匹夫之勇所不能比拟的绵里藏针的力量，它是我们日常社交生活的润滑剂，是整个社会减小损耗、高效运转的助推剂。

爱默生曾经有过一个形象的比喻，他说："在一个深秋的早晨，你们可曾去树林里看一看蘑菇的生长？它看起来弱小无助，没有坚硬的根茎，只是以它柔弱的力量坚持不懈地向上生长，最后终于破土而出，早先在它头顶覆盖着的硬土都被它推到一边。它的身上，正象征了柔和谦恭的力量。"

马古曾经说："礼貌的力量真是神奇。一个人无论怎样巧舌如簧，有些事情就是无能为力；然而有了礼貌，却可以无往而不胜。"要掌握打开成功之门的钥匙，就要先懂得怎样让别人感到高兴。

据说，犹太人是世界上最彬彬有礼的民族。从古到今，他们忍受了各种歧视侮辱，被剥夺了一切公民权利，然而，这并不妨碍他们时时刻刻表现出与人为善、温文尔雅的品质。他们非常能体谅别人的习俗成见，而无论别人是否能够同样体谅他们；他们很少会对人恶语相向，对朋友总是忠诚守信；他们的贪婪功利之心，也远没有普通人那样强烈。总而言之，世界上真没有哪一个民族比得上犹太人的节制、礼貌、友善。

这就像德国浪漫主义作家里希特尔所说："子弹越是平滑，射程越远。人也一样。"有一次，拿破仑听到有人报告说，约瑟芬竟然让洛格斯将军——一个年轻而英俊的男人——与她一起坐在沙发上。拿破仑心里非常不高兴，可是，在听了约瑟芬的解释以后，他的眉头一下子松开了，连连称赞约瑟芬。原来，约瑟芬考虑到，一直跟随拿破仑东征西战的洛格斯将军，对宫廷的礼仪非常陌生；如果她当面指出将军的失礼，一定会伤害他的自尊。她不愿意这么做，所以才没有让他站起来。

一天，杰斐逊总统和他的外孙骑马外出，路上遇到了一个奴隶，奴隶向他们脱帽鞠躬。杰斐逊总统也举起帽子，作为还礼。可是，他的小外孙对黑奴一眼都没看。"托马斯，"杰斐逊很严厉地对小外孙说，"难道你希望一个奴隶比你表现得更像个绅士吗？"

黑人领袖弗雷德·道格拉斯对林肯有这样的评价："美国这么多大人物，林肯是第一个肯和我进行开诚布公地自由交谈的。每次和他谈话，都让我忘了我们之间还有肤色上的差异。"

中国的孔夫子也告诫我们："在自己家里吃饭应该像在国王那里吃饭一样行为得体。"如果在家里父母对小孩的行为举止毫不约束满不在乎，那么等到孩子出门在外时，他们也就不懂什么是应该羞愧的行为了。

对待别人，美国诗人詹姆士·洛威尔从来不分高低贵贱，都一视同仁，无论对方是国王还是乞丐。有一次，有人看到他和一位卖艺的风琴师用意大利语在街头谈得兴致勃勃。原来，他们是在讨论意大利的风景，两个人对那里都很熟悉。

一次在伦敦的街道拐角，一个青年妇女疾步穿过拐角时不小心和人撞上了。那是一个要饭的小孩，衣衫褴褛，几乎被撞倒。女士赶紧刹住脚步，转过身子，声音非常柔和地说："请原谅，孩子，真对不起撞到你了。"小孩瞪大了眼睛，看了她一会儿，然后摘下帽子，向她深深鞠了一躬，脸上却洋溢着快乐的笑容，说道："我原谅了，小姐，下次您把我撞倒也没有关系，我不会有什么怨言的。非常高兴……非常高兴。"这位女士离开后，要饭的小孩忍不住对同伴说："喂，吉姆，第一次有人请求我的原谅，我真是高兴坏了。"

一次，在圣赫勒拿岛上拿破仑一行人走在一个桥边，有一个挑夫挑着重重的担子刚好从对面走过来，拿破仑的随行有心先过桥，就准备把路占住。拿破仑连忙喝住她们，对她们说道："别抢别抢，女士们，人家挑着东西呢。"

美国著名的废奴主义者哈里森，有一次在路上遇到了一帮暴徒。他们撕扯着他的衣服，一路推搡他。但他并不动怒，和他们说话时仍然和颜悦色，看那情形，仿佛站在他对面的不是暴徒，而是国王。他有一颗只有极少数伟大人物才具有的安宁和谐的心灵。

美国首都华盛顿有一个政治家，有一次去马萨诸塞州的马奇菲尔德，拜访在那里隐居的名人丹尼尔·韦伯斯特。在快到韦伯斯特住宅的时候，他想抄近道，就没有走大路。可是不巧，眼看就要到的时候，前面却有一条小溪拦住去路。这个政治家正犹豫着自己过不过去时，正巧有一个相貌普通的农夫路过，他赶紧喊住这个农夫，让这个农夫背自己过河，答应给他钱做酬劳。农夫用自己的宽肩膀扛起他，平安地把他背到了河对岸，而且谢绝了他的酬劳。过了几分钟，这位政治家在韦伯斯特的家里又遇到了这个农夫，让他大吃一惊的是，这个人居然就是韦伯斯特。

面对迫害他的凶手时，耶稣依然表现得高贵大度，即使当他最后被钉在十字架上，在身体极度痛苦的时候，他所说的仍然是："上帝我父，请原谅他们吧，他们不知道自己在做什么。"而圣保罗对阿格里帕的演说堪称演说中的典范，不卑不亢的态度和说服力被他融为了一体。

文明举止，可促使商业成功

有些人全身心地扑在自己的事业上，为了追求成功，不惜牺牲日常生活中很多普通的温情与享受。这也是非常不合绅士之道的偏执的做法，而且对成功来说往往是南辕北辙。

良好的行为举止可以成为年轻人的财富。巴特勒先生是罗德岛的一个杂货商。有一天，他在路上遇到一个小女孩，这个时候他已经关了店铺准备回家。当他得知小女孩想买一卷针线，巴特勒先生二话不说，就带小女孩回到了店里，把针线钱给了她。这个事情本身虽然微不足道，但在城里流传开后，人们都竞相到他的店铺里买东西。很快，他就成了富翁，其中的原因，很大程度上都要归功于他的热心周到。

巴尔的摩的罗斯·魏纳斯先生也有类似的经历，他也凭借自己的周到礼貌为自己赢得了商业上的成功。事情是这样的：魏纳斯先生原先在城里开了一个规模不大的工厂，只能算是末流。一天，来了几位客人向他打听生产的情况，他表现得非常热心，有问必答，

赢得了客人的好感。原来，这几位客人是受沙皇的委派来这里谈生意的俄罗斯人。他们走访了几家大工厂，但都受到了冷遇，只有魏纳斯的工厂是个例外。后来，他们就邀请魏纳斯去俄国开厂。

魏纳斯采纳了他们的建议，到了俄国以后，他一年就可以挣十万美元。

已故的阿姆赫斯特学院院长汉弗雷是个非常知书达理的人。当他在世的时候，一位太太见到了他，对他的风度大为折服，于是慷慨解囊，向学院捐赠了一大笔钱。

有一个贫穷的牧师，他的经历也非常奇特。一次，他看到几个痞子在教堂门口嘲笑、捉弄两个老妇人。这两个妇人身上穿着样式很古旧的衣服，遭到众人的哄笑，一下子显得非常窘迫，都不敢进教堂。牧师看见这种情形，过去推开众人，带着她们沿中央过道一直走进到教堂里面，又帮她们找到座位。两个老妇人虽然和这位牧师素不相识，但好心终有好报，在临终的时候，留给了他一大笔财产。

有一个人在离开纽约多年之后，又回到了这个城市。有一件事情让他感到非常奇怪："我朋友的生意怎么一点进展都没有？要说机灵精明，那没有人能比得上他；要说财力，他可是很雄厚的啊；要说业务，他也很在行。"后来有人告诉他答案："他性格太尖刻了，对待顾客也非常不文明。经常怀疑雇员欺骗他，所以，从来没有人肯卖力为他干活。那些投资人也不肯再在他身上花钱，而愿意对那些行为更文明的商家进行投资。"

有些人全身心地扑在自己的事业上，为了追求成功，不惜牺牲日常生活中很多普通的温情与享受。这也是非常不合绅士之道的偏执的做法，而且对成功来说往往是南辕北辙。即使有好心愿意资助他们的人，一看到他们这个样子也会望而却步。其结果就是：本来他们可以不费吹灰之力就做成的生意，结果却花落别家。这里面的道理很简单，其他人实力上或许不如他，但在生意上却是更好的合作伙伴。

一个人即使拥有勤勉、诚实这样的品质，即使他工作起来干劲十足，在事业上雄心勃勃，但是，使他所有的努力毁于一旦的很可能就是他的行为举止不合礼仪。相反，一些举止得体的人，可能有这样那样的缺点，却往往容易获得成功。不妨假设有这么两个人，他们在其他一切方面都一样，只是在待人处世方面不同：一个举止粗鲁轻慢，对人总是吹毛求疵，没有一点合作精神；而另一个谦和友善，助人为乐，举手投足无不具有绅士风范。很显然，前者的事业只会江河日下，而后者会蒸蒸日上。

有一个很好的例子可以证明，举止文明对生意的成功有多重要。有一家商店叫“廉价商场”，它开在巴黎，店面很大，里面的员工数以千计，产品也应有尽有。这家商场有两个非常引人注目的特点：一个是他们非常注意待人接物，仅仅礼貌还不够，员工必须想尽一切办法让顾客满意；另一个特点是童叟无欺，无论谁来买，商品都是一个价，而且商品价格也很低。凡是其他商店能够做到的，他们都要做到，而且要做得更好。这样，每一个来过“廉价商场”的顾客都因为他们良好的礼仪而留下美好的印象。他们的生意一直蒸蒸日上，据说最后成为了全球最大的零售商店之一。

据说，有一次一个要饭的小女孩来到伦迪·福特的店里，买了一件不值几个钱的小玩意。临走的时候，伦迪·福特仍不忘记对她说一声：“谢谢，亲爱的，欢迎下次再来。”这样的举动无疑是一种活的广告，为他赢来了更多的顾客，最终使他成为了百万富翁。

克服害羞，大方得体

一个人之所以会羞怯，往往是因为他对自己考虑得太多了，而且，他还要考虑别人对他的看法——这对于有良好教养的人来说，本身就是一个瑕疵。

有一些人也具有真正的教养，却给人很拘谨、很傲慢、很生硬，甚至是目中无人的感觉，尽管他们实际上并不是那种人。那是因为他们有些羞怯，缺乏自信，所以才会给人如上所述的不良感觉。

奇怪的是，缺乏自信往往会让我们陷入尴尬难堪的境地，使我们做出自己所不愿看到的失礼举动。事实上过于羞怯也是对我们得体举止的一大妨碍，所以也要努力加以克服。它是盎格鲁—撒克逊和条顿民族特有的一种缺点，阻止了这种文明向更高级形态的发展。但这是一种只有最高级的群体、最仁爱的灵魂才会沾染的病症，粗俗平庸的大众反倒与它无缘。

最杰出的物理学家伊萨克·牛顿爵士生前是很羞怯的，在他的时代恐怕再也找不到第二个像他那样的人了。他很多重要的科学发现，都是经过多年以后才向世人公布的，就是因为他害怕引起人们太多的注意，才会这么做。比如，他提出了月球运行的理论，却反对人们用他的名字来给这一理论命名，生怕这会引起更多人对他的关注。因为羞怯，大主教魏特利不愿和人打交道，甚至到了只要有可能就避开人们注意的程度。后来，他终于下定决心要克服自己的这一心理。他这样问自己："我一生为什么都要忍受这样的折磨呢？"说来也奇怪，当他这样想以后，羞怯心理就差不多完全从他身上消失了。乔治·华盛顿非常怕羞，他的外表看起来和农民没有差别。埃利胡·布里特的羞怯也毫不逊色，每次家里有父母的客人来，他都会躲到地下室去。

有人说，克服羞怯可以多上讲坛或者舞台，事实并非如此。英国著名演员戴维·加里克有一次被法院传唤出庭作证，虽然他已从艺三十年，有丰富的舞台经验，懂得如何在舞台上把握自己的情绪，但在法庭上，他却手足无措，像被灌了迷魂汤一样。最后，法官没有办法，只好让他走人。约翰·古夫也坦承自己小时候非常缺乏自信，凡事生怕引起他人的注意，成年以后仍然克服不了这个毛病，每次登上讲台心里都会有种恐惧感，禁不住要发抖，用不了一会儿就会出一身冷汗。

说来奇怪，无论在闹市街头，还是在面对敌人炮火时，古往今来的很多著名人物都会一往无前，但一到了客厅里，马上就成了拘谨不安的人，不敢在社交圈子里表达自己的见解。在他们看来人际交往的种种规矩礼节，近乎一种暴政，把他们的舌头、嘴唇都加上了锁。莎士比亚也是一个怕羞的典型，就是因为他对自己太没有信心的缘故，他写的那些剧作都不敢拿出来发表。他当时给人的印象一直是二三流角色。阿迪生是一位著名诗人，对文字的把握已臻化境，可是每次和人交谈，他都会局促不安。

一个人之所以会羞怯，往往是因为他对自己考虑得太多了，而且，他还要考虑别人对他的看法——这对于有良好教养的人来说，本身就是一个瑕疵。

英国随笔作家西德尼·史密斯曾经讲述过他自己的经历："从

前我也很怕羞。但就在前不久，我突然发现两个很重要的事实。首先，不是所有的人都在用全部的精力关注你的一举一动；其次，其实费尽心思去伪装自己毫无作用，群众的眼睛是雪亮的，一个人自己真实的价值决定了最终他会得到什么样的评价。这两大发现一下子让我豁然开朗了。”

如果一个人一辈子要装在一个冰冷的外壳底下，事实上他内心如火，对同伴忠实且充满诚挚的热情，这是一件多么痛苦的事情啊！一个人羞涩内向的根源是缺乏自信，总是认为自己能力上有缺陷。他们往往不相信自己的力量，而真实的情况很可能完全相反，他也许是个很能干的人。要克服这种怕羞的倾向，我们必须在一个人很小的时候，就培养他社交活动的能力，让他掌握马术、舞蹈、拳击、演讲等方面的技能。

性格羞涩的人应该注意自己的着装。想让我们举止放松，衣服得体可以提供帮助，那样说话也不会太过拘谨。一个人意识到自己穿着很得体，举止自然而然就会表现得从容优雅，甚至是宗教也无法做到衣着给人的这种作用；一个人如果觉得自己在衣着上低人一等，那么言谈举止都会束手束脚。不过，太引人注目的穿着肯定会让大家侧目，所以要避免款式太新潮，色彩太艳丽，合适得体就可以了——但如果钱袋有实力的话，衣服的料子要尽可能好一些。

正直与忠诚，是教养必不可缺的元素

> 归根结底，行为举止并不能真正决定绅士的品格，它只是一个绅士的外在表现。礼貌也只是外在的，就像树的表皮不能代替它内在的质地一样，它永远不能替代一个人的内在道德。

打扮得漂亮会引来大家的啧啧称赞，这确实是一件好事情。但这种美是比较低层次的美，它不应该妨碍我们去追求更高层次的美。有些人往往忽视了内心精神境界的提高，把全部的时间、全部的注意力和收入都放在衣着上，忽视了他人对我们的要求和希望；这样的人关心衣着胜于关心自己的品质。这样的人如果打扮不能跟上潮流就会耿耿于怀，但他们往往不在乎礼节上的问题。这些人其实只重外在不重内在，只重外表不重心灵，是很不足取的。

著名律师伊扎克尔·惠特曼是毕业于哈佛大学的高才生，有一年他被选进马萨诸塞州的议会。他一身农民打扮，离开了农场，前往波士顿参加议会会议。到了波士顿以后，他在一家旅馆的大厅里歇脚。几个看起来属于上流社会的绅士淑女也坐在大厅里。这时候，惠特曼听到他们在谈论自己："看，真有意思。居然来了个土里土气的乡巴佬。"然后，他们就向惠特曼提了各种稀奇古怪的问题，有意捉弄取笑他。这时候，惠特曼站起身子，对他们说道："女士们，先生们，我祝愿你们健康长寿，今后事业更成功，人也更聪明。我们都要记住，外表常常让我们上当。一看我的穿着，你们就断定我是一个乡下人。而我也是出于这种表面的原因就把你们当作了上等人。事实证明，我们两方面都错了。”恰巧这时候州长卡莱伯·斯特朗也走进了这家旅店，他看见了惠特曼先生，就高兴地与他打招呼。那帮绅士淑女看了目瞪口呆，惠特曼转身看着他们，最后说了句：“祝你们晚上玩得开心。”

约翰逊博士不无讽刺地说：“在一个文明高度发达的社会里，一个人有了外表的长处，就容易受人尊重。他只要换一身名贵的衣服，别人马上会对他笑脸相迎。”

按照我们的直觉，上帝应该也是个美的爱护者，他给自己创造的一切都披上了美丽的衣裳。一切事物都五彩斑斓，每一颗星星，每一朵花儿，每一块土地，甚至每一只鸟儿，都赏心悦目。

有的人认为文明修养有做作的嫌疑，所以以轻视的态度对待它。他们喜欢平易朴素，追求方方正正、不加修饰的美。所以，那类风格朴实无华、用四方石头砌成、没有任何修饰的建筑，最能得到他们的赏识。然而，圣彼得大教堂的雕梁画栋，刻满了各种花纹的五彩大理石，并不会有损于它的结实和坚固。

无论是我们的举止，还是我们的品格，都处在周围人的眼皮底下。每次我们与人交往，都要面对他们的各种意见。有时，我们自己也会很小心地盘算着，我们的分量是更重了，还是更轻了呢？每个人其实在内心都会问：“这个人会越来越差吗？还会有出息吗？他会发展得怎么样？”

举个例子说，如果我们的客厅走进一个青年，大家情不自禁地会用自己的眼光来对他进行评判，会在心里说：“啊，他越来越有出息了。你看，与以前相比，他看上去更体贴周到、更小心谨慎、更纯真坦率、更有修养，也更勤奋刻苦了。”假设他身边还有另一个和他正相反的年轻人，那个人对什么东西都不关心，做起事来一副马马虎虎、大大咧咧的样子，对别人从不正眼相看，待人十分苛刻，出手很吝啬，对仆人颐指气使、大喊大叫，遇到大人物又点头哈腰。不用说，这样的人很快就会没有人理睬了。

所以，在我们的一生中，经常有人会给我们贴上这样那样的标签。我有时会忽发奇想，如果每个人都能知道、都能读懂别人对他的这些评价，那有多好。事实上，我们无法永远向别人遮掩我们内心那个真实的自我。虽然平时都是另一个自我在接受着大家的品评，而这个真正的自我躲在它的阴影后面，但它终究在我们的灵魂里存在着，不知道什么时候，通过我们的眼神，通过我们的举止，我们的本来面目就会泄露无遗。

归根结底，行为举止并不能真正决定绅士的品格，它只是一个绅士的外在表现。礼貌也只是外在的，就像树的表皮不能代替它内在的质地一样，它永远不能替代一个人的内在道德。有时我们或许从外表可以看出它的实质，但这种判断并非在任何时候都是有效的。礼仪虽然也是有教养的表现，但很多时候，我们也会发现，很可能是金玉其外、败絮其中。

具有正直与忠诚的品格应该是真正富有教养的最高境界。

如果哪位读者有兴趣培养自己真正的教养，我这里有个处方，你可以试一试——

无私：三钱；
快乐：一两；
精神放松：三钱；
玫瑰般的浪漫情怀：四两；
仁慈：三钱；
世故人情和机智：一两。

如果发现自己有什么不良的症状，比如贪婪小气、自私自利、自以为是、偏执封闭，就可以把这些药混合吞服，肯定有效。

让我们都去效仿万能的主吧！是他为一切定下了规则，他是一切生命之物中第一位真正的绅士。

第九章

始终保持好的心态，就可创造奇迹

一旦缺乏热忱，艺术品无法流传后世，军队无法克敌制胜；一旦缺乏热忱，人类不能驯服自然界各种强悍的力量，不会建造出令人难忘的宫殿，不能用诗歌去打动心灵，不会创造出震撼人心的音乐，不能用无私崇高的奉献去感动这个世界。

保持热忱，可以创造奇迹

一个年轻人的感觉也会因热忱的支配而变得敏锐，可以在别人看不到的地方发现动人的美丽。这样，即使再艰难的挑战、再乏味的工作，无论是贫穷还是迫害，都可以坚韧地承受下来。

在巴黎的一家美术馆里，陈列着一座美丽的雕像，它的作者是一个贫穷的艺术家，已经身无分文。每天，他都到一间小阁楼上工作。城里的气温骤然下降，恰巧就在作品模型快要完工的时候，降到了零度以下。如果黏土模型缝隙中的水分凝固结冰的话，那么，整个雕像的线条都会扭曲变形。于是，艺术家就把自己身上的睡衣脱了下来，盖在了雕像身上。第二天清晨，人们发现艺术家已经离开了人世，但他的艺术构思却保留了下来，在别人的帮助下，最终有了成形的大理石作品。

美国政治家亨利·克莱曾经说："遇到重要的事情，我不知道别人会有什么反应，那一时刻，时间、环境、周围的人，我都感觉不到这些。我每次都会全身心地投入其中，根本不会去注意身外的世界。"

一位著名的金融家也有一句名言："一个银行要想赢得巨大的成功，唯一的可能就是，它所聘请的总裁是一个做梦都想把银行经营好的人。”原本是毫无乐趣、枯燥无味的职业，一旦投入了热情，立刻会呈现出全新的意义。

一个陷入爱河的年轻人，往往会有更敏锐的感觉，会在他所爱的人身上，看到其他人都看不到的种种优点。同样，一个年轻人的感觉也会因热忱的支配而变得敏锐，可以在别人看不到的地方发现动人的美丽。这样，即使再艰难的挑战、再乏味的工作，无论是贫穷还是迫害，都可以坚韧地承受下来。

狄更斯曾经说过，每次他构思小说情节时，几乎都寝食难安，他的心完全被他的故事所萦绕、所占据，这种情形一直要到他把故事都写在纸上才算结束。他曾经一个月闭门不出，只为了描写一个场景。最后再来到户外时，他看起来形容憔悴，简直像一个重病人一样。狄更斯笔下的那些人物，就是这样让他成天魂牵梦萦，茶饭不思。

有一个小男孩，十二岁时钢琴弹得就非常熟练了。有一次，他问伟大的作曲家莫扎特：“先生，我想自己写曲子，该怎么开始呢？”“哦，孩子，”莫扎特说道，“你还应该再等一等。”“可是，比我现在的年龄还小，您就开始作曲了啊？”小孩不甘心地继续问。“是啊是啊，”莫扎特回答说，“可我从来不问这类问题。你一旦到了那种境界，自然而然就会写出东西来的。”

事实上，每一个孩子身上或多或少都有一些将来可以成就大器的潜质，不仅那些反应敏捷、聪明伶俐的孩子是这样，那些相对木讷、甚至看起来有些愚钝的孩子也有这样的潜质。英国政治家格莱斯顿曾经说过，最有意义的事情莫过于把一个孩子内心潜藏的热忱激发出来。他们一旦产生了热忱，凭借这种热忱的力量，原先人们在他们身上看到的“愚钝”也会慢慢消失。

盖斯特原本只是一个无名小辈，但她第一次在舞台上露面时，立刻就让人感觉到她的前途不可限量。她演唱时所投入的热忱，使听众几乎都像被催眠了一样。结果，她登台演出不到一星期，就成为了众人喜爱的明星，开始了独立的发展。她有一种提高演唱技艺的强烈渴望，于是，她把自己全部的心智都用在了这一方面。

一切伟大的艺术作品在创作成型的过程中，都会使艺术家沉浸在一种特殊的美感之中。为此，艺术家寝食不安，坐卧不宁，直到最后灵感完全在画布或大理石上表现出来为止。

有一次，一位评论家对玛丽布兰能够从低音D连升三个八度唱到高音D，大为折服。他向这位著名女歌唱家表达钦佩之情，而歌唱家说："嗯，那可是我费了很大的力气才做到的。开始我为了练这个音花了一星期的时间，那个时候，不论我在做什么，梳头也好，穿衣也好，我都在试图发这个音。最后，就在我穿鞋的时候，我终于找到了感觉。"

爱默生的一段话倒正可以做这一个事例的注解，他说："人类历史上每一个伟大而不同凡响的时刻，都可以说是热忱造就的奇迹。穆罕默德就是一个例子，他带领阿拉伯人，在短短的几年内，从无到有，建立起了一个疆域比罗马帝国还要辽阔的帝国。他们的战士有一种崇高的理念在背后支撑着，虽然没有什么盔甲，但是其战斗力丝毫不亚于正规的骑兵部队；他们的妇女也和男子一样在战场上纵横驰骋，杀得罗马人溃不成军。他们粮草严重不足，武器虽然落后，但军纪严明，从来不去抢夺什么酒肉，而是靠着小米大麦，最后征服了亚洲、非洲和欧洲的西班牙。他们的首领用手杖敲一敲地，人们简直比看到一个拿着刀枪的人还要害怕。"

全心投入，是成功的关键

著名将军博伊德有一句名言：“我们发现，在很多重要的战役中，成败的关键在于：一方是全身心地投入，而另一方却不够专心致志。”

拿破仑发动一场战役只需要两周的准备时间，换成别人那会需要一年。战败的奥地利人目瞪口呆之余，也不得不称赞这些跨越了阿尔卑斯山的对手：“他们不是人，是会飞行的动物。”这中间之所以会有这样的差别，正是因为他那无与伦比的热忱。拿破仑在第一次远征意大利的行动中，只用了十五天时间就打了六场胜仗，缴获了五十五门大炮，二十一面军旗，俘虏一万五千人，并占领了皮德蒙特。

在拿破仑这场辉煌的胜利之后，敌军中的一位奥地利将领愤愤地说：“这个年轻的指挥官用兵完全不合兵法，他什么都做得出来，对战争艺术简直一窍不通。”但拿破仑的士兵也正是以这么一种根本不知道失败为何物的热忱跟随着他们的长官，从一个胜利走向另一个胜利。

英国著名海军将领纳尔逊曾经有一次身逢险境，他叹息道：“如果我现在告别人世，你们一定会发现，我的心头刻着四个字‘给我军舰’。”

著名将军博伊德有一句名言：“我们发现，在很多重要的战役中，成败的关键在于：一方是全身心地投入，而另一方却不够专心致志。”

凭着一柄圣剑和一面圣旗，外加法国英雄圣女贞德对自己的使命坚定不移的信念，她为法国的部队注入了即使国王和大臣也无法提供的热忱。正是这种热忱，扫除了前进道路上的一切阻碍。

如果一个人知道自己身上蕴藏着怎样的力量，那会创造何等的奇迹啊！然而，正如野马只有脱了缰奔跑时才能发挥出全部的潜力一样，人也只有在这种情形下才能发挥出自己的最大能量。

在伦敦的许多地方，我们都可以看到这样一座纪念碑，上面写着：“本教堂和本城的建造者，克利斯托夫·雷恩长眠于此。去世时他已年过九十，这么漫长的一生，他并非为了自己，而是为了公众利益而活着。”石碑刻的那个名字——克利斯托夫·雷恩，是伦敦一位著名的建筑师。

这些纪念碑所纪念的这位建筑天才，他一生从来没有接受过任何正规的教育，却总共为这座城市建造了五十五座教堂、三十五座大厅。有一次，他为了修复伦敦的圣彼得大教堂，特意去法国观摩巴黎的建筑。在卢浮宫前，他感慨道：“要是能够设计出这样宏伟的建筑，即使粉身碎骨也心甘情愿。”他所设计的肯星顿宫、汉普顿宫、德鲁里兰剧院、皇家交易所和大纪念碑等建筑物，都展现了他举世无双的才华。他把格林尼治宫改造成了海员的休憩之所，并在牛津设计建造了许多教堂和学院。在伦敦大火之后，他又为城市提出了新的规划方案。而他最重要的一件作品就是圣彼得大教堂，他为这件工作倾注了三十五年的心血。

克利斯托夫·雷恩活到了九十多岁，晚年身体仍然非常健康，但其实他年幼之时却体弱多病，一直让父母很不放心。这样的身体条件，却能拥有那样不可思议的力量，正是由于他那无与伦比的热忱。

一旦缺乏热忱，艺术品无法流传后世，军队无法克敌制胜；

一旦缺乏热忱，人类不能驯服自然界各种强悍的力量，不会建造出令人难忘的宫殿，不能用诗歌去打动心灵，不会创造出震撼人心的音乐，不能用无私崇高的奉献去感动这个世界。正是因为热忱，伽利略才举起了他的望远镜，最终拜倒在他的脚下的是整个世界；哥伦布才克服了艰难险阻，领略到了巴哈马群岛清新的晨风。凭借着热忱，自由才获得了胜利；凭借着热忱，林中的原始民族举起了手中的利斧，砍开了通往文明的道路；凭借着热忱，弥尔顿、莎士比亚才在纸上写下了他们不朽的诗篇。

美国著名社会活动家贺拉斯·格里利曾经说过，只有那些具有极高心智并对自己的工作有真正热忱的人，才有可能创造出人类最优秀的成果。

萨尔维尼也曾经说："热忱是最有效的工作方式。你所说的确实是你自己真实感觉到的，如果你能够让人们相信这一点，那么即便你有很多缺点，别人也会原谅你。最重要的是，要学习、学习、再学习。你一定要努力，否则，再有才华也会一事无成。我自己就是这样，有时为了彻底把握一个细小的环节，不得不花上数年的时间。"

在美国人的天性和日常生活中，有一种对自己的理想与使命锲而不舍的信念，一种近乎狂热的执着。这一个特点非常明显。这种品质在伦敦交易所的大厅里看不到，在赤道国家一般也是看不到的。甚至在五十年以前，这种品质甚至还没有出现。但是，由于美利坚和澳大利亚的影响，这种在这两个国家非常普遍的心理——也就是这样一种信念：如果一个人想获得成功，他必须把自己全部的生命热忱都投入进去——现在在更多的国家和民族当中传播开来了。从前，这种品质只是少数伟大人物才具有的禀赋，而现在它已经成为那些优秀民族的民族特性了。

自己相信，才能让他人相信

> 虽然我自己知道我说的是一些虚构的、不真实的东西，但我说的时候却像我从灵魂深处都相信它们一样。

一个人保持高度的自觉就是热忱，即为了完成他内心渴望去完成的工作，把全身的每一个细胞都调动起来。正是出于这种热忱，维克多·雨果在写作《巴黎圣母院》的时候，为了能够全神贯注地投入工作，把自己的外衣都锁到柜中，一直到作品完成以后才拿出来。他这么做的目的，就是让自己不要分心。

著名演员加里克的话正是对这种热忱的绝妙注解。有一次，当一位事业不太如意的牧师问他，是借助什么力量把听众牢牢抓住，加里克回答："你跟我不一样。你虽然宣讲的是永恒的真理，你自己坚信不疑，但给人的感觉好像是你似乎并不怎么相信自己所说的话。而我呢，虽然我自己知道我说的是一些虚构的、不真实的东西，但我说的时候却像我从灵魂深处都相信它们一样。这就是我们之间的区别。"

有一次，有三个人做了一个游戏，要在纸片上把他们曾经见过的性格最好的朋友的名字写下来，还要解释为什么选这个人。结果公布后，第一个人解释了他为什么会选择他所写下的那个人："每次他走进房间，好像生活又焕然一新，给人的感觉都是容光焕发。他热忱活泼，乐观开朗，总是非常振奋人心。"

第二个人也解释了他的理由："他不管在什么场合，做什么事情，都尽其所能、全力以赴。"

第三个人说："他对一切事情都尽心尽力。"

这三个人是英国几家大刊物的通讯记者，他们几乎踏遍了世界的每一个角落，见多识广，结交过各种各样的朋友。他们互相看了对方纸片上的名字之后，发现大家竟然不约而同地写上了澳大利亚墨尔本一位著名律师的名字。

一切天才的作品，其中都会隐藏着一种和谐、神秘的气息，之所以能够如此，正是凭借了创作者的热忱。它让后世的读者在面对这些作品时，能够被带入这些作品在最初创作时作者所处的那种情境。

贝多芬的传记作者记录过一件事情——

"一个月色皎洁的冬夜，我们走在波恩一条窄窄的街道上。伟大的音乐家突然喊住了我们，'嘘——'他停了下来，站在一间小屋前，'那是什么声音？是我的F大调奏鸣曲。啊，弹得多好啊！'"

"就在乐曲快要结束的时候，琴声戛然而止，一个声音在叹息、哭泣，'我弹不了了。多好的音乐啊，可是，我好像没有办法把它弹好。唉，要是我们能去科隆听音乐会，那是多么美好的事啊！'这时，又有另一个声音说道：'妹妹，懊恼也没有用啊。不要叹气了，我们现在连房租都付不起。''说得对，'前面的声音又说道，'可我心里还是在想，如果这一生有机会去听一听那些真正的音乐，那该多好。'不过，也就是想想罢了。"

"'走，我们进去看看。'贝多芬对大家说。'进去？'我提醒他，'进去干什么？''我要给她弹几支曲子，'贝多芬抑制不住他的激动，'这是真正的爱，真正的理解。我要为她弹奏，她一定会理解的。'说话的时候，他已经推开门，走了进去。屋里，一个年轻小伙子坐在桌边，拿着针线正在缝补鞋子，还有一个年轻的姑娘，脸上带着忧伤的表情，靠在一架很老式的钢琴上。贝多芬吞吞吐吐地说：‘请原谅，我是听见你们的琴声，才忍不住走进来的。我自己是个乐师。嗯，还有……我……不小心听到了……你们的聊天，听到你说你希望……你想……嗯，我的意思是，我想为你弹奏几首曲子。’”

“‘谢谢，’正在补鞋的年轻人说，‘我们的钢琴非常糟糕，而且，我们也不懂音乐。’‘不懂音乐？’音乐家惊讶地叫道，‘那，那，这位小姐……请原谅……’他突然注意到那位姑娘是个盲人，一下子结巴起来，居然不知道该说什么好了，‘对不起，刚才我没注意。您是凭听觉来演奏的吗？那您是从哪里听到这些音乐的呢？刚才好像您说过，你没有机会听音乐会。’”

“‘我们在布鲁尔居住过两年。那时候，离我们住的房子不远，有一位夫人经常练琴。到了夏天的时候，晚上她的窗户一般都会打开，我就走到她窗底下听她弹琴。’”姑娘回答。

“贝多芬走到钢琴前，坐了下来。这可能是我所听到的贝多芬有史以来弹得最投入的一次，因为我从来没看见过他像今天那么投入，那么好，从来没有。那台钢琴是很陈旧，但突然好像有了生命，这温柔神秘的琴声似乎已经完全把那对年轻的兄妹迷住了。琴声悠扬，在空气中流动着。突然，桌上仅有的一根蜡烛熄灭了。于是，窗子打开了，月光如水银一般泻在屋子里。但此时此刻，贝多芬停住了，他陷入了沉思。”

“‘太了不起了，’年轻人低低地说道，‘您是谁？’”

“‘再听，’大师回答，他又开始弹奏F大调奏鸣曲开头的几个小节。‘啊，您一定是贝多芬，’年轻人又惊又喜，大声喊了出来，他看到贝多芬站起身来似乎要走，忍不住说，‘再给我们弹一曲吧。’”

“‘我现在就要写一首关于月光的奏鸣曲。’音乐家回答。他凝望着群星，目光若有所思。冬天的夜空，没有一片云彩，十分深邃辽远，只有星星发出柔和的亮光。随后，音乐家又回到钢琴上，从钢琴上缓缓流淌出来一段略带忧伤、充满无尽关爱的乐章，犹如那静谧地倾洒在地面的月光。接下来是一段野性的、精灵般的过门，类似于一种奇异的间奏，宛如仙女在草地上舞蹈。然后是尾声，急速的、激荡人心的尾声，一段惊心动魄、让人战栗的乐章，好像是在飞行，好像一切都不确定，一种模模糊糊的恐惧，似乎在用它扑扇的翅膀带我们远远地离去，让我们完全沉浸在激情和奇想中。‘再见。’音乐家起身向门口走去。‘您还来吗？’兄妹俩异口同声地问。‘会的，会的，’贝多芬匆忙地回答道，‘我会再来的，会给这位小姐做一些辅导。但现在我要走了。’然后又对我说了一句，‘赶快回去，曲子现在我还记得住，要赶紧写下来。’我们匆忙往回赶。就在天亮的时候，贝多芬从桌边站起身子，手里举着《月光奏鸣曲》完整的曲谱。”

树立目标，勇敢前行

只有用真正的热忱、用有生命力的语言表达出来的思想，才可能点燃另一个人心中潜藏的烛光。

著名雕塑家米开朗基罗用了十二年的时间研究解剖学，几乎把自己的身体搞垮，但这一阶段的训练，对他的雕塑技法、他的风格乃至他的伟大成就，都有至关重要的作用。以后他雕塑人体，总是先考虑骨架，再依次考虑肌肉、脂肪和皮肤，最后考虑服饰。雕塑的时候，他会用上全部的雕刻工具，凿子、锉刀、钳子都会用上，而且，他的颜料也都是自己亲手准备，甚至都不让仆人或弟子插手调色的工作。

在意大利，无数艺术家都曾受到拉斐尔的启发，几乎没有例外。他谦逊的态度、迷人的举止，足以消释来自别人的一切嫉妒。他可以算得上是古往今来的一切伟人中唯一一个生前没有树过敌的人。

英国作家班扬一生穷困潦倒。他曾有很多次机会可以让自己获得自由：他接济了一户穷苦人家，他们依赖他才能够生存；他曾不得不和双目失明的女儿玛丽分别，按他自己的说法，这就像从他的骨头上撕下一块肉一样；他热爱自由，也有很多抱负，但所有这一切并没有使他放弃布道的工作。他在幼年时期曾经受过一些教育，但长大后几乎忘得一干二净了，于是就在妻子的指导下又重新学习，开始阅读、写作。最终，虽然自己无知无识，不名一文，受人歧视，却凭着信仰的热忱，这位来自贝德福德的补锅匠，写出了一部吸引了全世界读者的不朽寓言《天路历程》。

只有用真正的热忱、用有生命力的语言表达出来的思想，才可能点燃另一个人心中潜藏的烛光。

已故的著名历史学家弗兰西斯·帕克曼早在哈佛读书时就下了决心，要把在北美的英国和法国人的历史写成文字。后来，他曾为了搜集各类资料深入达科他的印第安人中，为此他的健康受到了严重损害，甚至于在他以后的五十年时间里，他每次阅读都不能超过五分钟，时间一长眼睛就支持不住。尽管这样，他依然一丝不苟地完成了自己年轻时候定下的目标，最终向世人奉上了这一领域有史以来最好的一部历史著作。他以一种罕见的献身精神和坚定信念，把自己一生的时间、财富以及他所拥有的一切，都献给了这一项伟大的事业。

吉尔伯特·贝克特是一位英国十字军战士，在征途上成了穆斯林人的阶下囚，沦为了奴隶。然而，就在这样的处境下，他不仅赢得了主人的信任，也赢得了主人那位漂亮的女儿对他的爱情。他一次次尝试逃跑，最终返回了英国。

而那位姑娘决心要追随自己的如意郎君，她是一个十分痴情的姑娘。她不懂英语，全部的英语单词她只会说两个词，一个是“吉尔伯特”，一个是“伦敦”。她一遍一遍逢人就说“伦敦”，最终登上了一艘开往这个大城市的轮船，到达了目的地。随后，她就在街头一遍一遍说着她所知道的“吉尔伯特”，最终来到了已经发家的吉尔伯特居住的那条街。屋里的人听到外面叫唤的声音，都走到窗口张望。吉尔伯特认出了那个姑娘，他冲出去，挽起姑娘的手臂，带着这位远道而来的公主进了家门。

坚信未来是光明的，就可转危为安

年轻人总是热情洋溢，他面对朝阳，影子留在了身后。年轻人听任心灵的支配，而成年人则受大脑的控制。

一个年轻人最让人无法抵御的魅力，就在于他满腔的热忱。在年轻人的眼里，未来只有光明，没有黑暗，即使会遇到险境，最终也可以转危为安。他不知道世界上还有“失败”这两个字。他相信，人类历史过程中所有的劳作，都是为了等待他的出现，等待他成为真善美的使者。

家人为了不让少年韩德尔接受知识与音乐的熏陶，不提供他上学的机会，也禁止他触摸乐器。可是，这一切终究是徒劳的。每次在半夜他就偷偷爬上一间秘密的阁楼，那里有一架已经废弃的古钢琴，他就在那里练习。大画家魏斯特最早练习绘画也是在一间阁楼上，他为了做支画笔，就把家里的小猫偷偷骗出来，拔了猫身上的一些毛做画笔。少年巴赫为了抄录他所看的书籍的内容，向周围的人恳求一支蜡烛也被粗暴地拒绝，但这没使他气馁，他就借着月光抄录。即使后来他亲手抄录的笔记被人搜走，他仍然不泄气。

传说中弗利基亚国王戈尔迪专为未来亚洲的征服者打的那个难解的结，多年来一直没有人能解开，直到马其顿国王亚历山大凭借他青春的热忱，一剑斩断。

英国教士、作家查尔斯·金斯利写道："人们总是面带微笑，看着青年表现出的热忱。每次他们自己暗地里回顾自己当初的这种热忱，未尝不带有一丝遗憾和惋惜，但他们却没有意识到，至少部分原因在于他们自己，所以这种热忱才离他们而去。"

要知道，但丁的热忱给世界带来的是怎样的财富啊！

丁尼生十八岁就写出了他的处女作，十九岁就赢得了剑桥大学的金质奖章。"几乎一切英雄壮举都出自年轻人。"这是英国政治家狄斯累利的话。"世上的一切，都在上帝的统治之下，都在年轻人的手上。"美国政治家特朗布尔博士如是说。英国作家罗斯金说："不管是哪一种艺术，最杰出、最优美的作品都是出自年轻人之手。"

年轻的赫拉克勒斯完成了十二项艰苦的使命。年轻人总是热情洋溢，他面对朝阳，影子留在了身后。年轻人听任心灵的支配，而成年人则受大脑的控制。拿破仑征服意大利时，只有二十五岁。当初，欧洲文明正在萌芽，亚洲人大兵压境，是年轻的亚历山大把他们赶走。

尽管济慈二十五岁离开人世，拜伦和拉斐尔三十七岁早逝，雪莱二十九岁离开人世，但他们生前都已声名斐然。罗穆卢斯二十岁就缔造了罗马；牛顿在二十五岁前，就已经向世人贡献了多项伟大的发现；皮特与博林布鲁克都在没有成年的时候就出任政府大臣；马丁·路德二十五岁成为了成功的改革家。有人说，没有一个英国诗人的诗才能够比得上二十一岁时的查特顿。还在牛津求学的时候，怀特菲尔德和卫斯理就发起了伟大的宗教复兴运动，而前者不到二十四岁就已经扬名海内，其影响覆盖整个英国。维克多·雨果十五岁就开始创作悲剧，未满二十岁就已经赢得了法兰西学院的三项大奖，获得了"大师"的称誉。

历史上，很多经天纬地的天才人物都没有活过四十岁。而在我们这个时代，一个满怀热忱的青年，相较从前他们的机会更多——这是一个属于年轻人的时代，一切庸碌无为之辈，都应该在他们面前俯首称臣。他们的热忱就是他们的王冠。

即使已老去，也要保持热忱

一旦拥有了热忱，我们能够在满头银发时依然保持心灵上的年轻。

年轻人固然应该把自己全部交给热忱来支配，但人到了老年，难道不是更应该如此吗？八十高龄的格莱斯顿，他的影响力，他所掌握的权势，相比一个二十五岁的、抱有同样理想的青年，无疑要强过十倍、百倍。老年人的光荣只能来源于他的热忱。人们不是因为老年人的满头白发而向他表示敬意，而是因为他那已显虚弱的身体下依然灼热的心。《奥德赛》正是一部由一个双目失明的老者——荷马奉献的传世之作。

正是因为一位老人——隐居者彼得，由于他热忱的感染，英国的骑士才压倒了伊斯兰大军。

威灵顿八十高龄，还亲自规划和视察军事要塞。英国哲学家培根和德国学者洪堡直到生命最后一刻，仍然热心向学。威尼斯总督当多罗九十五岁还上战场杀敌，而且赢得了胜利，九十六岁时被推举为国王——但他拒绝了。智者蒙田晚年虽然身患痛风，须发皆白的他依然才思敏捷，对生活充满着热爱。

笛福的《鲁滨逊漂流记》成书于他五十八岁的时候；约翰逊博士最杰出的作品《诗人列传》写于七十五岁高龄；柏拉图一生笔耕不辍，一直到他八十一岁去世；牛顿八十三岁还为他的《原理》撰写了新的提要；伽利略把他对运动定律的研究写成文字时，已经年近七旬；汤姆·斯科特八十六岁开始学习希伯来语；詹姆士·瓦特八十五岁还学习德文；萨默维尔夫人八十九岁写出了《分子和微观科学》；柏克大器晚成，三十五岁才成为国会议员，但这并不妨碍后来整个世界都受到了他的影响；洪堡九十高龄，就在他去世前的一个月，完成了著名的《宇宙论》；格兰特四十岁之前还默默无闻，但四十二岁的时候已经成为一代名将；再看看俾斯麦，八十岁的他大权在握；帕默斯顿勋爵是英国政坛的常青树，七十五岁时第二次出任首相，八十一岁时死于任上。埃里·惠特尼二十三岁才决定到大学念书，三十岁从耶鲁毕业，但他发明的轧棉机却使整个南方有了广阔的工业前景。伽利略七十七岁时虽然接近失明，身体也极度虚弱，但仍然每天坚持工作，把他的钟摆原理应用到了时钟上。乔治·史蒂芬孙直到成年后才开始学习书写。朗费罗、惠蒂埃、丁尼生的一些巨作，都是写于七十岁以后。

英国诗人德莱顿六十三岁才开始翻译维吉尔《埃涅阿斯纪》。罗伯特·霍尔为了阅读但丁原作，虽然已经年过六十，却开始学习意大利语。词典编纂家诺亚·韦伯斯特五十岁以后还学会了十七门语言。

西塞罗说得好：做人如同制酒，好酒会更显芳香。坏酒却禁不住时间的考验，容易变酸发臭。而一旦拥有了热忱，我们能够在满头银发时依然保持心灵上的年轻，正如墨西哥湾过来的北大西洋暖流滋润了北欧的土地一样。

“你的心已经有多老？它是否还依旧年轻？如果不是，你怎么可能做好你的工作？”

第十章

随机应变的能力，是走向成功的重要技巧

脚踏实地的人不仅能看到机会，而且还能把握机会。这种善于把握机会的能力，我们很难作出明确的描述。但毫无疑问，真正要成为生活的宠儿，就必须具备这样的素质。

才华是一种能力，机智是一种技巧

俗话说得好：“有才华的人蒙头大睡，有机智的人起早摸黑。”才华知道该做什么，而机智知道怎么去做；才华是一种能力，而机智是一种技巧。

南北战争时，一个南方邦联的军官被一个北方黑人士兵俘虏了，他还要保持自己的尊严，说道：“我不向黑人投降。”“那我只好说抱歉了。现在我可没时间去找一个白人来纳降。”黑人士兵举枪对准了他。白人军官终于屈服了。

法国思想家蒙田说：“上帝把大脑赐予了人类，可上帝并没有保证说每个人都能用好它。”林肯第一次竞选议员时，他主要的竞选纲领涉及桑格蒙河的开发问题。为了争取选票，他来到了一个村庄，那里有三十个选民正在麦地里拾穗。但这些选民对他的内陆开发计划毫无兴趣，他们一个问题也没有问，他们更感兴趣的，也更想看到的，好像是他的肌肉是否有足够的力量，可以真正在议会成为他们的代表。于是，林肯拿起了篮筐，和他们一起劳动。这三十位选民后来都把选票投给了他。

拿破仑用早餐几乎没有规律，有时候在八点，有时候又一直推迟到十一点。可是，有一件事情让他非常奇怪，无论他什么时候需要早餐，他爱吃的烧鸡总是可以随时送上。终于，有一天他忍不住喊住厨子，好奇地问他是如何做到能随时上菜这一点的。

"阁下，"厨子回答道，"因为我每隔十五分钟就去抓一只新鲜的小鸡放到火上烧烤。这样，无论您什么时候需要，我随时都可以备好早餐。"

今天，才华已经四处碰壁，而机智却畅通无阻。才华的作用已经远不能和机智相媲美，事实上，一个人如果拥有机智，即使他的才华很有限，他也可以利用空余的时间，慢慢发展他在某些方面所欠缺的才华；相反，如果他毫无机智，即使他有十倍的才华，也不可能做到这一点。俗话说得好："有才华的人蒙头大睡，有机智的人起早摸黑。"才华知道该做什么，而机智知道怎么去做；才华是一种能力，而机智是一种技巧。

"才华虽然可以冲锋陷阵，但总不及机智能够统领三军。"机智虽然不是什么第六感官，却是其他五种感官的生命所在，使我们的听觉、味觉、视觉、嗅觉和触觉都更加敏锐。在机智面前，一切困难、一切疑团、一切阻碍都会迎刃而解。

这个社会也有许多片面发展的人，他们偏爱理论，却轻视实践；或者他们把一生的精力都集中用于发展某一种能力，最终却以牺牲其他能力为代价，成为了一个畸形的人，而不是一个全面均衡发展的人。因为他们在某一方面有特殊的能力，能完成他人无法做到的事情，所以，即使他们对于实际生活一窍不通，即使他们在很多方面行为荒谬可笑，我们也常常会原谅他们。我们经常把他们称作"跛脚的天才"。对一个商人来说，只要他是个生意方面的奇才，哪怕他在客厅里显得很木讷，我们也不大会介意的。亚当·斯密不知道如何有效地管理自己家庭的财政，但却用他的《国富论》告诉了世人经济学的奥秘。

对于许多日常细节，很多伟大人物甚至一窍不通。伊萨克·牛顿能够解读自然的奥秘，可是在生活方面他却显得很笨拙。一次，由于身体疲劳，他为了不用起来给一只母猫和一只小猫开门，就索性决定在门上开洞。考虑到两只猫一大一小，牛顿就在门上开了一大一小两个洞。一时之间，这件事情被传为笑柄。

贝多芬是伟大的音乐家，但他有一次竟然付了三百弗罗林买六件衬衣和一打手帕。每次他请裁缝做衣服，总是事先把钱全部预付出去，而他自己常常陷于窘境，只有靠一块面包、一杯水赖以为生。

拿破仑手下一个元帅，对军事谋略的精通不下于拿破仑。但他并不懂得人到底是怎么一回事，和拿破仑相比，他缺乏做人的技巧和处世的经验。拿破仑也会摔跟头，但即使是摔跟头，他也灵巧得像猫一样，总是会化险为夷。

著名牧师斯威夫特在乡村教区的时候，几乎因贫穷而饿死，而他的同班同学斯塔福德却是一个务实的人，不久就成了富翁。

因为在佛罗里达一案中的成功辩护，美国政治家丹尼尔·韦伯斯特得到了一千美元的酬劳。当时他正坐在自己的书房里看书，几张崭新的大面额支票被别人交到了他的手里，他随手就收下了。第二天，他想用这笔钱，可是找来找去，连一张支票也没有找到。过了很多年，一天他偶然打开一本书，突然发现了一张银行支票，还是崭新的，一点褶皱都没有。再翻到第二页，又是一张，最后那笔遗忘已久的钱又被他全部都找了出来，原来是他看书时不知不觉就把它们都夹到书里了。

还有一次，财政部即将发行新的金币，韦伯斯特知道了这个消息，就派秘书查尔斯·朗曼去要了几百美元来。过了一两天，他伸手到口袋里，想摸一个出来，结果发现口袋空空如也。韦伯斯特觉得莫名其妙，他依稀记得自己是放在口袋里的。想了很久，他才突然记了起来，原来这两天他遇到一些称赞这些新币好看的朋友，就随手把它们都送出去了。

新英格兰一所大学里有一位著名的数学教授，他是一个有名的书虫。一次，他夫人让他去买些咖啡回来。他到了店里，老板问："你要买多少？""哦，"他回答，"我老婆忘了跟我说了，嗯，我看就买一桶好了。”

很多伟大人物做生活琐事的时候总是心不在焉，甚至到了日常生活的基本常识都十分缺乏的地步。

一次，德国剧作家莱辛回家，他敲了敲门。仆人听到有人敲门，看了看窗外，因为天色很黑，他没有认出敲门人正是莱辛，就随口答道：“教授不在家。”莱辛当时也是心不在焉，就应道：“哦，那好，我下次再来吧。”

缺乏机智，难以在社会立足

时代的弄潮儿并不是那些满腹经纶却不通世故的人，而是那些能适应现实的人。

世界上受过高等教育、肩负光荣使命的人很多，可是，因为缺乏机智与常识，很多这样的人竟然连在社会上立足谋生都很困难。

不久前，在澳大利亚的一个牧场中，人们看到有三个大学生在那里打工。这三个人中，一个来自剑桥，一个来自牛津，还有一个是德国某名牌大学的毕业生。人们都非常惊异：大学生居然来看管家畜；要做领导众人的领袖是他们在学校所接受的教育，而现在却在这里“领导”羊群。牧场主人是个大老粗，没有文化，没有知识，对什么书本、理论一窍不通，却知道怎么饲养牛羊。他雇佣的这些学生，虽然能说好几门外语，满腹经纶，可以讨论深奥的政治经济学和哲学理论，可是，他们却不如大老粗能挣钱。他整天谈论的只是他的牛羊、他的牧场，眼界十分狭隘，但他却能够赚大钱，而对于那些大学生来说连谋生都很困难。尽管大学的名字很好听，其实什么实用的东西也学不到。这是一场“有文化和没文化、大学和牧场的较量，而后者总是能够占上风”。

我们不应该对书本寄予太高的期望。培根曾经说：“读书的目的不在它本身，而在于一种超乎书本之外的、只有通过细心观察才能够获得的处世智慧。”所谓“纸上得来终觉浅”，就是这个道理。曾经有一个法国大学者，“他被自己的才华淹没了”是人们对他的评价。

接受的教育太多，对实践经验却一无所知，实际是让一个人适应现实生活的能力降低了，让他变得弱不禁风。一个人往往会因为书本教育而发展出过分的批判能力和自我意识，甚至使他变得缺乏自信和过于谨慎，而这对于实际生活中的种种艰苦劳作来说，就显得态度太文雅、外表太奢华、教育太精致了，不能适用在日常的生活方面。

书本和大学里的文化教育确实可以使人提高，但这种文化常常是伦理意义上的文化，常常是以牺牲人的活力和个人意志为代价来获得的。仅仅有书本的教育，会使人实际的技能得不到发展，最终这方面的潜能会被扼杀。那些没有个性的人就是所谓的书呆子，各种各样的理论充斥着他们的脑袋，里面已经浸透了别人的思想。一个人在刚刚离开农场时，他的心灵可能还充满了活力；然而一进大学，这种活力就无影无踪了。等到他再离开大学，进入社会时，他会突然发现，他已经完全无法理解周围的人和事了，他好像不具备理解的能力了。

与一个虽然没有机会上大学却在残酷的生存竞争中熟知人情世故的文盲相比，那样的学生显然要打败仗。一个大学毕业生往往生活在一个理想的王国里，而这个王国实际是没有那些人情世故的位置的，大学毕业生常常会不知道自己的真实分量。但我们所生活的这个真实世界，往往并不在意他拥有多少高深的理论和渊博的学识。时代的弄潮儿并不是那些满腹经纶却不通世故的人，而是那些能适应现实的人。

据说，哥伦布在美洲新大陆居住了一段时间以后，当地印第安人对于哥伦布和他的手下的态度越来越差了。于是，哥伦布对印第安人的酋长说：“我们相处已经有好几周了。确实，开始你们是把我们当朋友招待的，可是，现在你们不像以前那么欢迎我们了，甚至有些嫉恨我们，想赶我们走。从前你们每天早上都给我们带很多吃的来，现在却很少，而且一天比一天少。你们没有履行诺言，每天要供应我们足够的食物是原本你们已经答应的。你们这么做触犯了圣灵，它非常愤怒，它决心让太阳消失，作为对你们的惩罚。”

很快要发生日食了，哥伦布心里早已盘算得很清楚，他把要“让太阳消失”的时间告诉了印第安人，但他们并不相信他的话，供应的食物仍然日益减少。

太阳和往常一样出现，天上一片云彩都看不到。这一天就是哥伦布事先预言的日子，时间慢慢在流逝，太阳的表面一点暗影都没有。那些印第安人连连摇头，越来越不掩饰对哥伦布等人的敌意。但突然间，一个黑点在太阳的一侧出现了，慢慢的，黑点的面积越来越大。

那些土著慌了神，一个个匍匐在哥伦布的脚下，求他开恩。哥伦布答应尽力拯救他们，然后就回到自己的帐篷。

哥伦布再次出现的时候，是日食快要结束的时间，他平静地告诉众人，圣灵已经宽恕了他们的罪行，只要他们以后不再触犯他，圣灵很快就会把吞噬太阳的魔鬼赶走。印第安人赶紧发誓，随后，太阳又从暗影里露了出来。这些人高兴得手舞足蹈，又唱又跳。从那以后，西班牙人想要什么，这些土著就给他们什么。

关键时刻的灵机一动，可以改变结局

所谓的常识，就是尊重并利用那些已成定局或不可改变的事情。

美国演说家、改革家温德尔·菲利普斯说：“所谓的常识，就是尊重并利用那些已成定局或不可改变的事情。”

刚踏上英吉利海滩的凯撒，一不小心滑了一跤。为了避免手下人看见，把它视为不祥之兆，凯撒就顺势抓起一把沙子，高高举在空中，做出一副胜利者的姿态。

这就像人们通常所说的，弹无虚发的英雄大卫哪怕是顺手从河滩上捡起几块鹅卵石，比起拿着长矛、有一身蛮力、但动作笨拙的歌利亚来，也要厉害百倍。

这里还有一个故事，发生在很多年以前，地点是俄亥俄州。一个不速之客突然闯进摩尔先生家的小木屋，他气喘吁吁，十分激动，一进门就大声喊道：“红毛鬼（印第安人）来了，快给我备一匹快马，我要去报信。昨天晚上，他们在河的下游把一户人家都杀光了，不知道他们接下来会去什么地方。”

“那我们怎么办？”摩尔太太吓得脸色惨白，急忙问道，“我丈夫要明天早上才会回来。他昨天出门去买过冬的储备了。”

“男主人不在？啊，完蛋了。那你赶紧，什么都不要说，把火熄了，晚上也别点灯。”这个报信的人飞身跃上孩子们牵过来的马，又飞奔到别人家里去报信了。

老大欧比德和老二乔一再要求要留守一楼，摩尔太太禁不住他们的软磨硬泡，就把他们两个留在一楼观察动静，自己则带着其余几个儿子上了阁楼休息。天色刚刚变黑，欧比德突然看到远处的田野里有几个黑影晃动，他小声说道："乔，他们来了。你拿着斧头就站在那扇窗子后面，我在这边用步枪瞄准他们。"

随后，欧比德打开了子弹袋，从里面取出一粒子弹，准备装上，但这时候看到子弹他几乎晕倒。原来子弹根本上不上去，因为父亲摩尔先生把子弹袋备错了，现在的子弹太大。他四处搜索，希望找到小一些的子弹。这时候，他险些被地上的一件东西绊倒，原来是一个大南瓜。信使来报信的时候，他和乔正准备用两个大南瓜做两盏灯笼，后来扔在地上没有收拾。欧比德脑子迅速一转，把南瓜灯笼用手动了几下，让它看上去也有像人一样睁得大大的眼睛、鼻子和嘴巴。这个南瓜现在极像一张狰狞的鬼脸，然后，他又从炉子里取出一块木炭，用它把蜡烛点燃，再把蜡烛放到灯笼里。他又脱下外套，罩在这个南瓜灯笼的外面。他一面把灯笼举到窗台上，一面轻声说道："要快，不然他们就要行动了。"

"现在开始。"他又说了一句。说时迟，那时快，罩在灯笼外面的衣服被他一把拿开。"啊！"随着怪物的出现，那些印第安人吓得魂飞天外，发出了一声怪叫，四散而逃。"快，乔，把那一个也点起来。看见了没有，他们害怕这个！"欧比德指挥着乔。在窗户上又一张狰狞的面孔出现了，那些印第安人一看又发出一阵叫喊，转身都逃到森林里去了。天亮的时候，摩尔先生回到家里，家里很平安，而那些印第安人再也没有回来。

瑟罗·韦德出身穷苦，他为自己在社会上争得了地位，凭借的就是他的机智。很久之前，从停泊在纽约港的一艘小帆船上，瑟罗·韦德替一个客人把大衣箱背到"宽街旅馆"，客人付给他一些劳务费，这是他挣到的第一笔收入。那个时代不像今天，对于一个出身低微的男孩来说，要想出人头地比登天还难，因为所给予他的机会实在太少。但韦德却有非同寻常的直觉和机智，能够洞察人心，有出色的说服技巧，而且为人慷慨无私。他曾经凭借自己的机智和敏锐，帮助三位候选人赢得了总统选举。作为报答，他们先后邀请他出任驻英国大使和其他一些重要职务，但他都婉言谢绝了。

林肯就任总统期间，有一份报纸叫《纽约先驱报》，它是同情南部邦联的。这份报纸的文章往往挑起海内外舆论对美国政府的不满，而它在欧洲发行量很大。于是林肯委托韦德出面斡旋。韦德和报社老板贝内特已经三十年没有打过交道了，但就在他们会谈的第二天，报纸马上就转变了立场，坚定地站在了联邦政府这一边。

随后，韦德又出使欧洲，他的使命就是要消除那些南部分离分子在欧洲的巨大影响。他首先到了法国。法国皇帝对美国政府封锁查理斯敦港的举动非常不满，甚至还命令法国制造商不许向美国出口棉花。法国皇帝原来是完全站在南部一边的，然而，韦德却凭借他出色的机智和智慧，说服法国皇帝改变了立场。一个明证就是，原来皇帝打算在国民大会上发表敌视美国政府的讲话，但因为韦德的劝说，他的讲话竟成为了一个向美国表示友好的声明。下一站他又到了英国。因为韦德的来访，舆论的态度有了一百八十度的转变。就在他到达之前，英国还正在夜以继日地备战。韦德返回美国后，纽约市代表美国公众向他作出的巨大贡献表示了感谢。此外，在生意场上，韦德也大获成功，拥有万贯家产。

即使拥有过人的才华，没有机智和常识也是无用

脚踏实地的人不仅能看到机会，而且还能把握机会。这种善于把握机会的能力，我们很难作出明确的描述。但毫无疑问，真正要成为生活的宠儿，就必须具备这样的素质。

一次行军途中，拿破仑带领卫队和一位工程师在前面探路。他们来到了一条河边，河上没有桥，但部队又必须迅速通过。

“告诉我，河有多宽？”拿破仑向工程师问道。

“对不起，阁下，”工程师回答道，“我的测量仪器都落在后面的部队里，他们离我们还有十英里远。”

“我要你马上量出来。”

“这做不到，阁下。”

“马上给我量出河宽，不然就走人。”

工程师很快想了一个办法。他脱下钢盔，让帽檐和他的眼睛，还有河对岸的一点刚好位于一条直线上；然后，他小心地保持身体的直立，不断地向后退，等到帽檐、眼睛和这边河岸的相应一点刚好也在一条直线上时，他就停了下来。他把自己所处的位置

标好，接着用脚量出前后两点的距离。然后，他对拿破仑说：“这就是河流大概的宽度。”拿破仑大为高兴，马上就提升了他的职务。

美国大政治家韦伯斯特有一次因为没有赶上车，要在西部的一个城市耽搁一小时。借这段空闲，镇长就向他介绍本地的名流。他先指着一人说：“韦伯斯特先生，请允许我向您介绍詹姆士先生，本城最杰出的一位公民。”“你好，詹姆士先生。”韦伯斯特礼节性地和他打了招呼，一边还注视着数以千计等待和他握手的群众。詹姆士先生显出一副可怜哀伤的样子说：“韦伯斯特先生，说实话，我的状况不是太好。”“但愿不会太糟糕。”韦伯斯特出于礼貌对他表示关切。“哦，我不知道。我自己感觉是患了风湿，不过我内人说是……”詹姆士意犹未尽，还在准备喋喋不休地往下说。镇长插话进来，打断了他：“韦伯斯特先生，这位是史密斯先生。”韦伯斯特又向史密斯先生致意，留下詹姆士先生一个人在那里尴尬地站着。他之所以会落得这样尴尬的地步，正是因为不懂人情世故。

在美国布朗大学，有一个学生质疑道：“我并不觉得所罗门的《箴言》有什么高明的，我也可以写出这样的东西。”“很好，”维兰德校长说，“明天早上写两条来见我。”当然，那个学生不可能写出任何箴言。

法国思想家蒙田举过一个暴君的例子。这位暴君唯一的一个王储突然身亡，国王把怨气都发泄到上帝身上，一怒之下，他荒唐地颁布了在全国范围内封禁基督教两周的命令。

不可一世的才华输给机智和常识的例子，我们随处都可以看到。英国的瓦尔波伯爵不通文墨，法兰克国王查理曼连自己的名字都写不好，但他们却都是伟人。那是因为他们拥有非常实用的机智和智慧，对人对事都有深刻的洞察，知道怎样推动这个世界，而这就是他们成功的要诀。

脚踏实地的人不仅能看到机会，而且还能把握机会。这种善于把握机会的能力，我们很难作出明确的描述。但毫无疑问，真正要成为生活的宠儿，就必须具备这样的素质。机智如同传说中的亚历山大大帝一样，遇到自己不能解开的结，就用剑把它斩断，然后集中自己的全部力量，一步步走向辉煌。

就以拿破仑为例，任何与作战有关的技巧他全都驾轻就熟，甚至包括制造弹药在内，没有他不会的事务。棕榈树在一切树木中是最不容易弯折的一种，然而，在南美洲密密的丛林中，尽管丛林中是厚厚的遮盖，但是并不能妨碍它吸收太阳的光照；据说，它总是就近找一棵高大的树身，依附在它身上往上攀缘，直到最后看到阳光。

曾经有一个农场主，眼看日子过得越来越拮据，无奈只好把农场划出一半，卖给一个刚刚发家的年轻人。那年轻人家底很雄厚，买下两个农场都没有问题，农场主羡慕不已，不禁问道：成功到底有什么秘诀？为什么自己就这么倒霉呢？年轻人坦率地回答：“你缺乏机智和常识。”

美国马萨诸塞州考德角有一个牧师，一次某个地方邀请牧师去那儿。原来，那个地方有一个古老的风俗，每年四月都要请一位牧师来做祷告，为那片土地祈求富饶、平安。于是，牧师到了那里，但在看到那块土地后，他摇了摇头，说：“这里需要的不是祷告，而是肥料。”

如果想看清一个人真实的面目，我们就必须不断地调整观察的角度，直到最后获得一个最佳的视角。这时，我们就像把他放到了光线底下一样，通过我们的特定的视角能把他的长处和短处都一览无余。

我们都有这样的经历：比如，从前班里的同学原来读书时的排名次序并不相同，当他们走进实际的生活，在社会上排名的秩序会与读书时的排序发生变化。原先在班里数一数二、让大家都羡慕不已的同学，现在是不是落在了后面，反不如那些原来比较迟钝、比较笨的同学混得好。原来学校里的佼佼者，虽然掌握了很多书本知识，但在严酷的现实问题面前往往束手无策。后者之所以能够在社会上出人头地，他们唯一的长处就是有一种非常顽强执着的精神。即使对那些前途不可限量的天才人物来说，一些微小而又有重要影响的细节也是不能忽略的，要像牛像马一样含辛茹苦地工作，才能够取得成功。

对常识与机智的把握，莎士比亚最让人惊叹。他的剧作内容丰富，包罗万象。上至王公大臣，下至贩夫皂隶，不分高低贵贱，无论肤色黑白，思想深刻或是品行高洁，单纯还是龌龊，弄臣小丑还是纨绔子弟，各种激情、性格，凡是他目之所见的一切，都能随手拈来，写进他的作品里，在他大气磅礴的场景中展开。

懂得忽略无意义的打击，才是真正的机智

我们不妨看看华盛顿的例子，他之所以能有那样的个性力量，很重要的一点是他面对嘲弄时的容忍，面对各种攻击的克制。

轻微的伤害打击有时也能让有些人非常受不了，他们睚眦必报，但其实有些打击实在不值得我们去关注。这样的人显然缺乏必要的机智和常识。还有一些人，不顾一切要和各类掌握言论特权的记者编辑较劲，他们完全是效仿堂吉诃德和风车战斗。殊不知，这些人手里掌握着几乎能够判人生死的大权。在这一点上，我们不妨看看华盛顿的例子，他之所以能有那样的个性力量，很重要的一点是他面对嘲弄时的容忍，面对各种攻击的克制。

幽默作家阿特姆斯·沃德用他那犀利的文笔，为我们点破了其中的秘密：

"有一次，我来到了弗吉尼亚，这是一个人杰地灵、人才辈出的地方，而在它南部的一个小镇，我却受到了一个编辑难堪的羞辱。"

"我原先和他有业务关系，他把我的外表大大夸奖了一番，说我举止彬彬有礼，有绅士风度。由于为了争取一个比较公平的价格，我后来就到另一个地方去印刷我的招贴。这个编辑马上就变了脸色，说我是一个到处诈骗的老流氓，说我的这些作品都是骗人的把戏。我当时想回敬他，可是，一想到他还可以在报纸上

用更恶毒的话来攻击我，他掌握着报纸，我就只好忍气吞声。”

“这里，我也想借这个机会提醒大家，最好不要去惹怒一个记者。如果你们什么时候要和这些见鬼的报纸打交道，还是小心为好。他一翻脸，或许会使你名声更坏，但他却不在乎，而且这正是他想要看到的。但你却是跳进黄河洗不清。一般来说，大多数编辑和记者都很优秀，但鱼龙混杂，总是会有一些低素质的人。”

美国大商人约翰·阿斯特也是一个极有机智的人。一次在海上航行中，突然遭遇了暴风雨，他搭乘的轮船上的乘客以为即将遭遇不测，绝望之中一个个都跑上甲板。只有当时年纪还轻的阿斯特没有乱跑，他平静地从旅行箱里拿出最贵重的衣服穿在身上，安安静静地躺在了船舱里。他心想：即使船不幸沉没，若能侥幸获救，那时至少这一件名贵的衣服还能保留下来，这也算减少了损失。

一次，一个旅行家与一位犹太人谈话时，盛赞对方的民族：“你们犹太人不论在美国还是在欧洲，都获得了显赫的地位，已经确立了自己的优势——至少在某些领域情况是这样的。你们真的非常擅长经商，而且，看来你们犹太人的地位以后也不会动摇。”

“确实，有些犹太人干得非常出色，”犹太人回答道，“不过，你为什么老是提到他们经商的能力呢？”

“难道你不认为这是一种能力吗？”

“能力？不，那是一种天才。我可以告诉你，这两者在商业上是不同的。你到一个店里，把主人需要的货物推销给他，这是能力；可是，如果你让他购买的，是他本来不需要的东西，那就是天才了。我们犹太人就有这样的天才。”

第十一章

只有拥有自尊与自信，才具有了成功的可能

今天的世界是一个尊崇胆量和勇气的世界，一个年轻人如果凡事总爱抱怨，似乎生活本身就是个巨大错误，在今天难免要受到人们的轻视。

自重，才能赢得他人尊重

你可以在某一段时间欺骗所有的人，
也可以在所有的时间里欺骗某一部分人，
但你不可能在所有的时间里欺骗所有的人。

苏格兰有一个纺织工人，他虽然很贫穷，却非常虔诚，每天都要做祷告。他的祷告中有一项内容非常奇怪，他祈求神让他对自己有一个好的评价。其实，这又有什么奇怪的？如果我们自己对自己都没有好的评价，怎么期望别人会对自己有好的评价呢？难道不应该这样吗？正如一句谚语说的：别人不会尊重不自重的人。如果人们发现我并不怎么尊重自己，那么，他们也有权利拒绝我，把我看成骗子。因为我一方面自己对自己没有好感，另一方面却对别人说，他们应该对我有好感。其实，对自己的尊重和对别人的尊重是建立在同一原则基础之上的。

林肯曾经说："你可以在某一段时间欺骗所有的人，也可以在所有的时间里欺骗某一部分人，但你不可能在所有的时间里欺骗所有的人。"然而，无论在什么时候，我们都无法欺骗自己。所以，要真正产生自尊的感觉，唯一的办法就是让自己配得上这种对自己的尊重。

人们有权利按照我们看待自己的眼光来评价我们。一旦我们踏入社会，人们就会从我们的眼神、从我们的表情中去判断，我们到底赋予了自己多高的价值。如果他们发现，我们对自己的评价都不高，他们又有什么理由要给他们自己添麻烦，来费心费力地研究我们的自我评价到底是不是偏低呢？我们认为自己有多少价值，就不能期望别人把我们看得比这更重。很多人都相信，一个走上社会的人对自己价值的判断，应该比别人的判断要更真实、更准确。

有一次，英国首相皮特在任命沃尔夫将军统领驻守加拿大的英军后，刚好有机会领略了一番沃尔夫将军的自我夸耀。这个年轻的军官挥舞着佩剑，不停地敲着桌面，在屋子里手舞足蹈，吹嘘着他将要建立的功勋。皮特非常讨厌他，忍不住对坦普尔勋爵说："上帝啊，我居然向这样的人托付了整个国家、整个政府的命运？"

其实，他的自夸是对他未来所能达到的高度的一种预言。这位首相大概想象不到，就是这么一个喜欢自我夸耀的年轻人，会不顾自己重病在身，从病床上起来指挥部队，在亚伯拉罕高地赢得了辉煌的胜利。

在科罗纳，斯蒂芬将军被俘后，对手看着他，以嘲弄的口吻说道："现在你在哪里还有要塞？""这里。"将军用手指着自己的心口，凛然回答道。

"一种成熟的、经过训练的天赋，不愁没有用武之地，"美国作家华盛顿·欧文告诉人们，"但它不能坐等别人为它创造机会。我们常常听人说，获得成功的都是一些大胆鲁莽的人，而真正有才能、很稳重的人却常常被人遗忘，这样的情况当然未必完全符合事实。不过，有时候一些胆子较大的人确实拥有一些优秀的品质，他们做事不犹豫，果断。而离开了这一点，所谓的才能不过是纸上谈兵。一只总打瞌睡的狮子甚至不如一种会叫唤的狗有用。"

约翰·弗里蒙特曾经是美国政坛上的一位要人，但后来他就渐渐不为人所知了。他的得意之作是让美国的领土多了一个加利福尼亚，他的一位政治对手在评价他时说："他之所以被人们遗忘，原因很简单，因为他缺乏一种强有力的个人意志。他倒是有一种让人遗忘他的才能。”最后他仅仅是靠着在科学方面的成就，在欧洲的一些大学担任了由于洪堡去世而空出的教职。

美国政治家约翰·卡尔霍恩就读耶鲁大学时，非常刻苦勤奋。他的一个同窗为此讥笑他，他回答道：“这没什么奇怪的。我必须抓紧时间学习，这样我以后才可能在国会有所作为。”对方大笑，卡尔霍恩认真地说：“你不相信？如果不是因为我知道自己有这种能力，我现在就不会坐在这里读书了。我告诉你，我只要三年的时间就可以当国会议员。”

“格拉顿会怎么议论自己？”格拉顿是苏格兰著名的演说家，说这话的是美国著名律师库兰。不过，他这句话倒是从那位非常自以为是的厄斯金勋爵那里借用来的。库兰继续说：“格拉顿从不讨论自己。先生，你怎么能想象他会去谈论自己呢？因为格拉顿是个大人物。

你休想从他的嘴里撬出一个夸奖自己的字来，哪怕是严刑拷打也没用；即使用上六匹马的力量，也不能从他心口拽出一句这样的话。和所有的伟人一样，他知道自己有多大的名声，从来不会屈尊自己给自己抬轿子的。先生，他高高在上，受到全国人民的爱戴。给他的名声添火加柴，那是我们这些小人物干的事情，你从来不会看到他去做这样的事情。”

保持自信，确认自己的重要性

> 一个人如果能意识到自己是什么样的人，那么，他很快就会知道自己应该成为什么样的人。让他首先在思想上觉得自己很重要，很快，在现实生活中他也会觉得自己很重要。

一个过于自以为是、过于自我中心主义的人，常常让我们感到不舒服，但这往往是一种自信的表示，表示他们相信自己能够达到那样的水平。伟人无一例外，都对自己拥有超乎常人的信心。但丁预见到了自己未来的名声。英国诗人华兹华斯毫不怀疑自己在历史上的地位，也不耻于谈论这一点。有一次凯撒乘坐的船只遭遇了暴风雨，艄公非常担心，凯撒说："担心什么？你是和凯撒在一起。"

在上层社会自我中心主义很常见，可能也是一种必然。在社会等级上命运给我们安排好了一个位置，为了不让我们在到达这个位置之前就跌倒，它要让我们对未来充满希望。正是由于这个原因，那些雄心勃勃的人都带有过分强烈的"自以为是"的色彩，甚至到了让人难以容忍的地步，但这却是为了让他获得继续向前的动力。一个人的自信正预示着他将来会有一番作为。

从道德方面看，一种保险的做法就是去相信那些充满自信的人。如果一个人开始怀疑自己的正直诚实，那么，这离别人对他产生怀疑也为时不远了。道德上的堕落，往往最先在自己身上露出征兆。

今天的人成天马不停蹄地忙碌着，他们宁可相信一个小人物对自己的评价，也没有时间去小巷子里寻找那些埋名隐姓的大师，除非有一天能够证明他的确不行。今天的世界是一个尊崇胆量和勇气的世界，一个年轻人如果凡事总爱抱怨，似乎生活本身就是个巨大错误，在今天难免要受到人们的轻视。

德国哲学家谢林曾经说过："一个人如果能意识到自己是什么样的人，那么，他很快就会知道自己应该成为什么样的人。让他首先在思想上觉得自己很重要，很快，在现实生活中他也会觉得自己很重要。"

对一个人来说，重要的是我们要能够说服他相信他自己的能力，如果做到这一点，那么他很快就会拥有巨大的力量。

"固然，谦逊是一种智慧，人们越来越看重这种品质。"匈牙利民族解放运动的领袖科苏特说，"但是，自立自信的价值也不应该遭到轻视，它更能体现一个人的男人气概，胜过其他任何个性因素。"

英国历史学家弗劳德也说："一棵树如果要结出果实，必须先在土壤里扎下根。同样，一个人也需要学会依靠自己，学会尊重自己，不接受他人的施舍，不等待命运的馈赠。只有在这样的基础上，才可能做出任何知识上的成就。"

青年应该培养自己的自尊，使自己超越于一切狭隘卑贱的行为之上，从而与各种各样的侮辱与不体面绝缘。

依靠自己，相信自己

依靠自己，相信自己，这是独立个性的一个重要成分。

在一次法庭辩论上，作为辩护律师的库兰说："我研究过我所收藏的所有法学著作，但是都找不到一个这样的案例——在对方律师反对的情况下，还可以预先确定某项条件，这样的事情从来没有发生过。"

主审的罗宾逊法官打断了他的话："先生——"这位法官之所以能得到现在的职位，是因为写过几本小册子，但那些书写得非常糟糕，粗俗不堪。他接着说："我怀疑你的图书馆藏书量不够。"

"确实，先生，我并不富裕，"年轻的律师十分镇定，他直视着法官的眼睛，"这限制了我购书的数量。我的书不多，但是我都仔细阅读过，而且它们都是我精心挑选的。我阅读了少数精品著作，而不是去写一大堆毫无价值的作品，然后才进入这一崇高的职业领域的。

我并不以我的贫穷为耻，相反，如果因为我卑躬屈膝获得我的财富，或是用不正当手段获得，那我会真正感到羞愧。我至少保持了人格上的正直诚实。或许我不能拥有显赫的地位，但是倘若我放弃正直诚实去追求地位，眼前就有很多的例子告诉我，这么做或许会让我得到所需要的东西，但在人们的眼里，我却只会显得更加渺小。”从此以后，罗宾逊再也不敢嘲讽讥刺这位年轻的律师了。

“依靠自己，相信自己，这是独立个性的一个重要成分，”米歇尔·雷诺兹说道，“那些参加奥林匹亚运动会的勇士正是在它的帮助下夺得了桂冠。所有的伟大人物，所有那些在世界历史上留下名声的伟人，都因为依靠自己，相信自己，都因为这个共同的特征而同属于一个家族。”

能够让我们感觉到自己能力的只有自信与自尊，其他任何东西都无法替代它们的作用。而那些软弱无力、犹豫不决、凡事总是指望别人的人，正如莎士比亚所说，他们永远不能体会到，自立者身上焕发出的那种荣光。

第十二章

保持高贵的品性，才能拥有影响他人的力量

我们刻在事物上的标记是个性，正是这种无法涂抹的标记，决定了所有人、所有劳动的全部价值。一个伟大的名字意味着怎样的一种魔力啊！

个人教养是巨大的财富

品格就是力量，即便在孩子身上也同样有效。

“你只是一个普通老百姓。”一位贵族对西塞罗说。“不错，我只是一介平民，”这位罗马的伟大演说家回答道，“但你的贵族家世到你就结束了，而我的贵族家世将因我而开始。”

斯巴达国王克里奥米尼三世的一位访客阿尼斯塔哥拉心怀鬼胎，他和国王会晤谈话的时候，希望国王把女儿高尔戈支使开。凡一个人子女在身边，要让他做坏事有千难万难。这一点阿尼斯塔哥拉心里非常清楚，但国王不为所动，说：“不用，她不碍事，你只管说。”高尔戈就坐在父亲脚边，听着他们的谈话。阿尼斯塔哥拉对克里奥米尼三世滔滔不绝地进行游说，希望他支持自己到邻国夺取王位，并答应事成之后给他一大笔钱作为酬谢。小女孩对这些事情懵懵懂懂，但她却非常明白，她看到了自己的父亲脸上露出了迟疑、苦恼的神情。于是，她伸手抓住了父亲，说道：“爸爸，过来，这个人会让你干坏事的。”国王于是起身跟着小女孩走了。他自己、他的国家也因此避免了一场灾难。品格就是力量，即便在孩子身上也同样有效。

有一天，在英国爱丁堡的街头，一个小男孩向一位绅士兜售他的火柴。绅士看见面前这个小男孩面黄肌瘦，虽然天气很冷，却还是赤裸着脚，脚趾已经冻得红红的，身上也只是胡乱穿了些破旧衣服。“哦，我不需要。”绅士说。“先生，买一盒吧。一盒只要一便士。”

小男孩继续央求道。“可是，我确实不需要。”“那么一便士两盒，行吗？”男孩又说。

“我为了打发他，”这位绅士后来把他的经历发表在报纸上，“就答应买一盒，但刚好我身上没有零钱，我就告诉他，‘我明天再买吧。’”

“‘就现在买吧，先生，’小男孩又央求道，‘我去给你换零钱。我已经很饿了。’我想了想，就给了他一先令，小男孩迅速地跑开了。我在原地等了一会儿，但他却再也没有回来。我想我的这一先令肯定没了。不过，那个男孩的神情不由得我不相信他，所以我并不愿意往坏处想。”

“当天深夜，我在家里，仆人进来告诉我说有个小男孩要见我。我让他把孩子领进来。进来的不是那个卖给我火柴的男孩，而是他的弟弟，他身上穿得更少更破。他站在那里，努力把手往衣服里伸，好像在找什么东西，然后他说：‘您是那位向桑迪买火柴的先生吗？’

‘是的。’我回答。‘这是找给您的钱。’他把钱递了过来，‘桑迪不来了，他被一辆马车撞了，腿也折了，受了重伤，医生说救不活了。帽子、火柴、还有您的十一便士，都丢了，他来不了，所以我来了。’他把钱放在桌上，忍不住大声哭了起来。我让他在我这里吃了晚饭，然后和他一起去看桑迪。”

“到了以后，我才发现，原来这两个可怜的孩子是和他们的继母住在一起。他们的亲生父母都已经去世了，继母常常酗酒，对他们非常凶狠。桑迪躺在一堆木屑上，我刚一进门，他就认出来了，对我说：‘先生，我换开了零钱，正往回赶，不巧被马车撞倒，腿也摔断了……鲁比，我的鲁比啊，我是要死了。可是，我死了谁来照顾你啊？你会怎么样，鲁比？”

“我把他的手握在手里，告诉他我会照看鲁比的。他听懂了我的话，用最后的力气看了我一眼，要表达对我的感谢。然后，他的眼睛失去了光彩——

他躺在了神的光照中，
犹如婴儿躺在母亲的怀里；
一切邪恶再与他无缘，
一切烦恼都离他远去。”

对于这个全身是伤、奄奄一息的小男孩，天堂就意味着他必须恪守道德原则。他并不知道自己会去哪里，然而，对于高贵、正直、诚信这些品质，他所知道的要远比那些驾着马车把他撞倒的人还多——而只有这些品质才能使人进入天堂。

高贵品格，就是力量

他那张粗糙的脸，在那些被命运遗弃的人的眼里，简直就是一张天使的脸。

在1857年的美国货币危机中，银行界的大巨头一起聚会纽约，商量应对的办法。会上有人问起当天各银行的提款比率，有的回答百分之七十五，有的回答百分之五十，只有花旗银行摩西·泰勒的回答出乎大家的意料："我们银行早上是四十万美元，到夜里有四十七万。"这里正形成鲜明的对比，当其他银行出现困境的时候，花旗银行却由于泰勒先生管理有方信誉卓著而表现得非常自信，甚至到了人们把钱从其他银行取出来又存入花旗银行的地步。这种自信正源于领导者的个性。

在一次黄热病大流行的时期，在美国田纳西州的小城孟菲斯，救护委员会的人员苦于找不到足够的护理人员，正忙得焦头烂额。这时，有一个人直接走到护理的医生那里，对医生说："让我来做护理吧！"

医生用怀疑的眼光看了看他。这人样子非常邋遢，头发齐根剪光，脸上很多痘点，走路时拖着步子。医生认定他绝对不适合这项工作，于是拒绝了他的申请："用不着你。"

"我希望能做护理，"陌生男子坚持道，"先试用一星期。到时候如果不满意，再打发我走。如果觉得我干得不错，就付我工资，让我干下去。"

“那好，”医生说道，“我可以收下你，但老实说，我心里可不认为你能做好。”医生又加了一句：“我会留意你的工作的。”

但很快，这个陌生男子用表现说明，他不需要任何人的协助就能出色地胜任这一工作。仅仅几周的时间，他就成为了这拨勇敢的人当中一名最出色的护理人员。哪里病情最严重，哪里就有他忙碌的身影，他从不感到疲倦，作出了无私的奉献，随时都能看到他在辛勤地工作。病人没有一个不喜爱他的。他那张粗糙的脸，在那些被命运遗弃的人的眼里，简直就是一张天使的脸。

随后，他已经开始得到薪水。然而，他的工作太突出了，人们对他的好奇心越来越旺盛，于是有人偷偷跟踪他。结果发现，每次他都把领到的工资投到为黄热病人而设立的募捐箱中。但不久之后，他自己也染上了黄热病，很快就离开了人世。由于他从来没有把自己的名字告诉别人，所以只好把他的尸体运到无名墓地安葬。也就在这时候，人们在他身上发现一个青黑色的标记，原来他叫约翰，是个苦役犯。

成功，不仅是个人的也是社会的

> 我们几乎可以肯定地说，在以金钱为标准的世界里，凡是有一个人获得了成功，就必定是以成百上千竞争者的失败为代价的；而在知识和品格的世界里，一个人的成功同时也是对社会的贡献。

我们所处的是一个狂热追逐金钱的时代。然而，一个奇怪的现象却是，虽然身处这样的时代，那些身无分文、衣衫褴褛的作家、艺术家、衣着朴素的大学校长，他们在社会上反而更有声望，报纸也更愿意不惜篇幅来报道他们的行踪或活动。之所以有这种反差，也许要归因于追求财富和追求知识是两种不同性质的活动：前者存在着很大的负面作用，而后者有很多积极的影响。这几乎可以说是一种规律，我们几乎可以肯定地说，在以金钱为标准的世界里，凡是有一个人获得了成功，就必定是以成百上千竞争者的失败为代价的；而在知识和品格的世界里，一个人的成功同时也是对社会的贡献。

我们刻在事物上的标记是个性，正是这种无法涂抹的标记，决定了所有人、所有劳动的全部价值。一个伟大的名字意味着怎样的一种魔力啊！我们都相信个性成熟的人。西奥多·帕克过去常说的一句话是，对于一个国家来说，苏格拉底的价值远远要超过像南卡罗来纳这样一个州的价值。

两度出任英国首相的政治家约翰·罗素说："在英国，所有的政党都有一种天然的倾向，他们都试图寻求天才人物的帮助，但他们只会接受那些具有伟大品格的人作指导。"

"通过培养品格与个性，最后我获得了真正的力量，"英国著名政治家坎宁在1801年写道，"我并没有尝试过其他的途径。我也相信，这条路也许不是最便捷的，却是最稳妥的，对这点我十分乐观。"

对一台机器，我们可以根据它所能够承受的最大压力来检测它的性能，但房间的温度也许就会决定它的性能。然而，对于一种伟大的品格与个性来说，谁又能估算得出其内在的力量呢？谁又能够料到，一两个小孩可能会对一所学校的品性产生影响呢？可能正是因为这样几个具有非凡个性的学生影响了一所学校的传统、风俗和行为方式，再经过几届学生的变动，就完全得以改变。这些学生就像日常生活中常常看到的那种力量，作用有些类似于拖拽着一长列货车的火车头，而他们正是以自己那微不足道的方式，这种方式却和那些风俗传统同样重要，他们改造了这一切，成为了校园英雄。几乎每一个学校的老师都可以告诉你一些诸如此类的故事：几个具有巨大影响力的学生，如何带动了学校的进步，或是破坏了它的发展。

曾经有一个德国亲王，因为他那纯正的品格深受士兵的爱戴。在一个大雪纷飞的严冬，他带着士兵逃离了莫斯科。在一个寒风刺骨的夜晚，他们一行来到一间原本是给家畜用的小棚屋，进了屋子，大家又累又饿，全都躺倒睡着了。黎明的时候，亲王苏醒过来，觉得身子暖和多了，体力也恢复了。屋外依然寒风咆哮，亲王呼喊他的士兵起来，但没有一声回答。他往周围一看，才发现那些士兵都已经冻死了，身上覆盖着积雪，而这些人的外衣都脱下来盖在了他的身上。正是这些士兵，用自己的生命保护了自己爱戴的亲王。

在神话故事中，菲利吉亚国王迈达斯请求神赐予自己点石成金的力量，神答应了他的要求。他以为，这样就可以得到完全的幸福。凡是他触摸过的，无论是食品、衣服、饮料，还是花草，甚至他吻过的女儿，自此以后都马上变成了黄金。他急忙恳求神将他的这种魔力驱除。正是从这件事情中，国王懂得了，这世界上还有许多有价值的东西更为宝贵，其价值甚至把地球上所有的黄金都堆积起来也不能比拟。

有一次，坎帕尼亚地区的一位贵妇拜访了科妮利娅。这位科妮利娅就是后来著名的罗马改革家格拉古兄弟的母亲。贵妇向科妮利娅提出想看看她家里的珠宝，这时候恰好孩子从学校放学归来，科妮利娅指着格拉克兄弟，微笑着对贵妇说："这就是我的珠宝。"她真不愧是西皮奥·阿菲里加努斯的女儿，提比略·格拉古的妻子。由此可见，任何一个国家，它最有价值的产出正应该是它所培养的人民。

"据我所知，"伏尔泰说，"没有一个伟人不是为人类作出过巨大贡献的。"一个人的价值不在于他拥有的财富，而在于他所作的贡献。

"教育，这是今天的人们对未来的人们所承担的责任。"这句祝词写在一个信封上。其捐赠人乔治·皮博迪先生是当时美国一位最杰出的商业人士，他从小家境贫寒，后来经过自己的奋斗，成为了家财万贯的银行家。在马萨诸塞州丹佛市举行的一个典礼上，人们打开了这个信封，里面是一张为兴建一座市立图书馆而捐赠的两万美元的支票。若干年后，在为他举行的一个答谢宴会上，皮博迪先生又向图书馆捐赠了二十五万美元。席间，皮博迪先生说道："世俗意义上的成功或财富无法去衡量一个人的伟大，而要看他是否坚信真理，是否正直无畏，看他是否有过与其荣誉不相称的言行。只有在这些方面无可挑剔，他才称得上真正的伟大。"

斯图尔特先生早先在纽约做中学老师，一天的收入不过一美元，但最后他的财富总量超过了四千万；而且更为宝贵的是，在他的千万家财中，没有一个美分是肮脏的。正是凭着诚实正直，他为自己赢得了美好的名声。

1792 年 9 月 2 日，巴黎的监狱被愤怒的人们冲了进去，单单这股汹涌的人流，就足以把那些贵族、神甫挤死，这些人成了人们狂热的复仇情绪的牺牲品。就在一片血腥之中，一个名叫毛诺的平民突然发现了西卡尔神甫。毛诺以前见过西卡尔神甫，知道他把自己全部的心血都奉献给了残疾人的教育事业，知道他的为人与声望，于是拦住众人说道："这是西卡尔神甫，一个正直的公民。你们不认识他，但我知道。他是我们这里最有贡献、最仁慈的一个人，他把自己的爱都献给了那些残疾人。"众人听了他的话，马上停止了攻击，而且一拥而上，争相与他拥抱，要抬他起来把他送回家。可见，即使在这样满怀仇恨的暴民心中，一种高贵的品格仍然可以表现出至高无上的力量。

仅仅拥有财富，并不是真正的成功

> 我们的社会最需要的，就是这样一些不会把自己标价出卖的人。他们坚持自己的良知，毫不动摇，犹如磁铁吸住了金针，哪怕天翻地覆，他也毫不犹豫地捍卫应有的权利。

如果一个人带着沾沾自喜，非常自得的表情，一遍一遍地向你诉说着他的发家史，诉说着他只有索取、没有给予的经历，你会认为他获得了成功吗？从他那冷酷无情的脸上，你难道读不出无数孤儿寡女的悲惨经历？对别人巧取豪夺的人，能不能算真正的富有呢？他算不算是牺牲了别人来成就自己，用别人的眼泪作为自己往上爬的阶梯呢？他的面孔上，难道看不出贪婪的烙印，犹如豺狼的脸上永远留着饥饿的痕迹？这样的人，他拥有真正的幸福吗？他们的神情、他们的举止，流露出的分明是那种主宰他们内心的不良心态。用世俗标准来衡量的那些成功人士，在他们的脸上，哪里能看到什么安宁、甜美的神情？

一个生命中的失败者，不值得为他戴上王冠；但一个只知道吃喝玩乐、只懂得敛聚钱财的人，也不能算是真正的成功者。他的一生并没有对人类的福利做任何有益的事情。一个在苦难中挣扎的家庭不能让他软一软心，一张无助哀告的脸也不能使他落一滴泪。他有心而无情，他顶礼膜拜的，不是救助之神，而是财富之神。

在废奴运动方兴未艾的那些日子里，由反对派人士组成的“拯救联邦委员会”有一次在纽约的城堡公园集会，会上决定，那些凡是不反对激进废奴派的商人都将被列入黑名单，并采取经济上的联合抵制。然而，有一家名叫“博迈”的丝织品公司发表声明说，他们希望自己的产品能够卖出去，但不希望出卖自己的原则。他们独立的立场轰动了全国，生意一点都没有受到影响。人们当然是希望从不会出卖自己原则的商家那里买到想要的物品。

我们的社会最需要的，就是这样一些不会把自己标价出卖的人。他们坚持自己的良知，毫不动摇，犹如磁铁吸住了金针，哪怕天翻地覆，他也毫不犹豫地捍卫应有的权利；他诚实无欺，表里如一；他能明辨真理，对邪恶也有恰如其分的认识；他凡事不撒谎、不退缩；他既不夸耀，也不逃避；他勇敢却不叫嚣，知道自己该做什么，而且总是尽心尽力；他不怕大声拒绝别人，也敢于直截了当地对别人说：“我不能……”

弗罗伦丝·南丁格尔曾经见过一些身染痢疾的士兵，他们为了不给自己已经劳累过度的战友增加负担，就隐瞒了自己的病情，不把自己的活推给他们，一直坚持在战壕里劳动，最终那里成了他们的安息之地。

在朱特芬战役中，菲利普·西德尼爵士受了致命伤，因为失血过多，他感到口渴得厉害。于是，士兵为他端来一杯水，爵士正要喝，忽然发现附近一个受伤的士兵正躺在干草垛上，他充满渴求的眼神紧紧地落在爵士手里的水杯上。将军把端到嘴边的杯子又放下，坚持把水让给那位士兵，他说：“他比我更需要这杯水。”不幸的是，爵士死了。但仅仅这一件事，就足以使他青史留名。人们或许会忘记他所效力的国王是谁，却不会忘记这位爵士的壮举。

具有非凡品格的人，可以影响他人

人们借助能力、口才也可以对他人产生影响，但具有非凡品格的人却是凭借他的某种魔力来影响别人的。他获得成功，是因为他本身就超出别人之上，而不是靠着某些外力的作用。

如果为某种不是自己渴望的东西，一个人愿意奉献全部的时间、精力，必要时甚至愿意以生命为代价，那么，无论他为之献身的东西是什么，国家也好，肤色也好，国王也好，或者同胞也好，可以说，他的所作所为比人们所做的一切斋戒和祷告都体现出更多的基督精神。

爱默生写道："我曾经在书上看到，凡是听查塔姆勋爵讲过话的人都认为，勋爵所说的内容与他本身所具有的某种东西相比，无论如何都不如他更有吸引力。"普鲁塔克笔下的那些英雄人物，包括格拉古、阿吉斯、克里奥米尼三世等，他们的事迹好像也无法与他们的名声相提并论。卡莱尔也曾抱怨说，虽然他把与米拉波有关的全部事实都已讲述得很清楚了，但还是无法表明他对米拉波所怀有的信念：他认为米拉波是个非凡的天才。菲利普·西德尼爵士以及沃尔特·拉雷爵士，都是声名卓著、却很少有事迹流传下来的天才人物。席勒的作品本身好像也有负于他的盛名。华盛顿也是如此，无论怎样讲述他的功绩，也不能让人完全地领略到他个人内在的力量。这种种名声和著作或事迹不相匹配的现象，我们该如何解释呢？

真正的原因在于，这些伟人身上都有某种特殊的品质，从而使人们对他们产生了一种远远高于其实际表现的期望。他们具有的那种力量多数是一种内在的力量，而这就是我们称之为品格与个性的东西。这种力量是内蕴的、无声的，它借助自己的存在就能产生许多直接的影响，而无须通过其他媒介。人们借助能力、口才也可以对他人产生影响，但具有非凡品格的人却是凭借他的某种魔力来影响别人的。他获得成功，是因为他本身就超出别人之上，而不是靠着某些外力的作用。他一出现，一切就因此而改变，所以他能够无坚不摧。

无论在哪一个国家，总会有这样一些人，他们甚至不用发号施令，就可以实现自己的目的。他们的影响力，和他们自身的能力几乎不成比例。人们也难免感到诧异，到底是什么原因，使人们这么容易就听命于他们？其实这不奇怪，因为品格就是力量。所有阶级的人们都会敬仰并追随那些具有伟大品格的人。

曾经有人这么评价谢里丹将军："如果他确立了某些原则，他就可以统治世界。"在日常生活中，我们本身是什么，而不是我们知道什么，在决定着我们的成功与否。可惜的是，现在明白这一点的年轻人真是太少了。华盛顿、林肯之所以会当选美国总统，不是因为其能力，而是因为其品格。在政治生活中，韦伯斯特曾经开出高价作为交易，结果他把自己的名望输了个一干二净。一个农夫听到韦伯斯特在竞选中失利的消息，评论道："南方人对他们的服从者从来不讨价还价。"

那么，拿破仑和韦伯斯特缺少的，究竟是一种什么样的原则？难道不就是那种对人类迄今所产生的那些最高理念的忠贞不渝？而这一点，却正是伟大人物身上最让我们敬佩、最让我们崇拜的东西。虽然周围的一切都在变来变去，但他们犹如高大的橡树岿然不动。伟大人物的根深深地扎在地下，但他们的品格却让他们能够傲然独立。

努力保持纯正的品格，不向现实低头

在社会上，一个人可以没能力，没文化，没有财产和地位，然而，只要他具有纯正而卓越的品格，他就一定会赢得人们的尊重，一定会产生影响。

文艺复兴时期的著名诗人彼特拉克一次要上法庭作证，本来他要像一般人那样履行宣誓程序，但法庭却告诉他，法庭将以他的证词为准。他们相信他的正直，他不需要为自己的证词进行宣誓。

匈牙利政治家科苏特常年流亡在外。土耳其曾答应，如果他肯皈依穆斯林，就可以为其提供避难所。但科苏特回答道："如果让我在屈辱和死亡之间选择，我会毫不犹豫地选择死亡。这么做，至少比被大家指指点点要好得多。我曾经做过总督，管理过一个生性慷慨的民族，但最后我没有留给子女一分遗产。神的意愿总会完成，我随时准备献出自己的生命。"还有一次，他说："虽然我双手空空，但它们却是清白干净的。"

休·米勒曾经得到了一个出纳员的职位，那是一家大银行，但他婉言谢绝了，表示自己对账目簿记一窍不通，而且也没有人为他担保。"我们不需要你有什么担保。"银行总裁罗斯先生语气很坚决。而在此之前，米勒甚至不知道罗斯先生认识他。可以说，任何时候，众人总是有意无意地观察我们的品格，这点无论我们知道与否都是如此。

在美国著名作家亨利·梭罗临终前，一位加尔文派教友关切地询问他说：“亨利，你同上帝和解了吗？”“约翰，”面对死亡，这个不信教的人轻轻说道，“我不记得我和上帝之间曾发生过争吵。”

维多利亚·柯隆纳的丈夫曾经宣誓效忠西班牙王室，所以当意大利诸王侯劝说他背叛西班牙时，他非常犹豫，他毕竟要受到自己誓言的约束。这时，他的妻子写信给他，信中说道：“谨记你的荣誉，正因为有了它，你才比国王更高贵。只要拥有这种荣誉，便是拥有了真正的辉煌，而完全不需要任何头衔的点缀。如果这种品质能够不受任何玷污地传给子孙后代，你会真正感到幸福和光荣。”

虽然林肯贵为一个伟大国家的总统，但在欧洲上流社会的时尚圈子里，他却常常是人们的笑料。这位出自边远地区的穷学生，几乎被所有基督教国家的报纸的漫画所讽刺，挖苦他的笨拙，嘲笑他的风范。他所颁发的政府文件让政客们感到震惊，因为行文太简单明了。政客们告诉林肯，他们希望这些文件能够更正式一些。对于他们所有的这些反对意见，林肯仅仅简单地答复道：“只要人们看得懂就行了。”

在华盛顿，他也不停地遭到嘲弄，人们给他取了各种绰号，叫他“木头脑瓜”、“猿人”、“人兽怪物”。后来，这些嘲弄和讽刺传到了他的耳朵里，他对自己说道：“喂，亚伯拉罕·林肯，有些人这样对你，你到底是一个人，还是一条狗？”他在弗雷德里克堡对这种种嘲弄和讽刺作了反击之后，又说道：“如果一个从地狱里跑出来的人受到的攻击谩骂比我更甚，那么，我都会同情他的。”

然而，普通民众的心却是和林肯站在一起的。各地的劳工组织都信任他、同情他。当时有很多人在欧洲人开办的制棉厂里做工人，生活十分拮据。由于棉花禁运，有的人几乎到了衣食无着的地步，但他们从来没有抱怨，没有一次起来抗议林肯的禁运政策。

“一切在林肯身上都配合得如此完美，甚至造物主也会指着他对全世界说，‘这就是我要造的人！’”从古至今，还没有谁能比林肯更配得上这句话。

林肯念念不忘的是完善自己的品格，他的合作者说他“诚实到了顽固的地步”。他绝不与有错误的一方为伍，可以拒绝一切诱惑；或者，即使一开始不小心站错了立场，一旦发现，他也马上改弦更张，绝不助纣为虐。有一次，一位太太付给了他律师费两百美元，他考虑了很久，还是把钱退了回去，并对这位太太解释道：“你的案子还没有开审呢。”“可是这钱是你应该挣的啊。”那位太太说。“不，不，”林肯回答，“这不应该。我只是在尽义务，这不应该收钱。”

每个人的一生，都应该有一些比他的财富更耀眼、比他的才华更高贵、比他的成就更伟大、比他的名声更持久的东西。所有的人都相信教育和文化，相信文明生活对人的修饰与培养。然而，仅仅有这些还不能保证使人得到提高，获得拯救。从古到今，文明的发展往往是和奢华、堕落结伴而行的。

如果世界上还有一种力量能够让我们感觉到它的存在，那一定就是品格的力量。在社会上，一个人可以没能力，没文化，没有财产和地位，然而，只要他具有纯正而卓越的品格，他就一定会赢得人们的尊重，一定会产生影响。

法国国王路易十四一直对一个问题感到很困惑：自己身为国王，能够统治一个像法国这样地域辽阔、人口众多的国家，为什么却连荷兰这样的小国都征服不了？于是，他就拿这个问题问大臣柯尔贝尔。他的大臣回答道：“这是因为，一个国家的伟大并不取决于地域是否辽阔，而是取决于其人民的品格。”

向先贤学习品格塑造，坚定前行

每一种情绪都容易感染、扩散到别人身上。

一国的无价之宝是伟人的品格。一位英国制革工人承认，他的皮革制品之所以能够制作得那么精美，能够为他赢来很高的声誉，都要归功于卡莱尔的著作带给他的影响。据说，伦敦一家工厂的风气也曾经因富兰克林而焕然一新。文艺复兴时期的意大利著名画家提香和阿里奥斯托两人一直互相支持，互相激励，最后都赢得了巨大的名望。

“告诉我谁是你崇拜的偶像，我就可以告诉你，你会成为什么样的人。”考察一个人，只要通过他的艺术作品或者文字，我们就可以深入他的灵魂，探知他的思想。米开朗基罗离开我们了吗？最好拿这个问题去问曾经在罗马观赏过他的不朽之作、灵魂为此而震颤的那数以万计的观众。谁能说得清楚，他曾经在多少人的生命中留下了烙印？同样，林肯、华盛顿、格兰特离开我们了吗？难道不可以说，与以前相比，今天他们更贴近我们？今天有哪一个美国人、哪一户人家，不是把他们的品格奉为学习的榜样？

你不妨想象一下，巴比伦没有了丹尼尔，埃及没有了摩西，雅典没有了德谟斯提尼、苏格拉底、菲迪亚斯、柏拉图，那会是什么样子？没有了汉尼拔，公元前二世纪的迦太基又将是何等模样？同样，如果罗马没有了西塞罗、凯撒、马可·奥勒留，巴黎没有了拿破仑、雨果，英国没有了牛顿、莎士比亚、弥尔顿、皮特、柏克和格莱斯顿，那又会是什么样子？

虽然经历了几个世纪的沉浮，然而意大利仍然存在的标志始终是但丁这个名字，甚至许多没有受过多少教育的人的头脑里，也时时会激荡起西皮奥、西塞罗和格拉古那些激动人心的话语。拜伦曾经说：“今天的意大利人，无时无刻不在写着但丁，说着但丁，做梦也梦着但丁。如果但丁不是一个那么值得他们崇拜的天才，这一切真是要让人觉得荒唐可笑了。”即使希腊在走了下坡路之后，也依然能够感受到黄金时代那些知识精英和道德天才的影响，当今的人们一切的精神和情感方面仍然在被他们主宰着，而且，这种影响甚至比他们生前要更为强大而有力。

我们的心灵，一方面受着同时代人的强烈影响，另一方面，也同样是处在众多已故者的心灵的多重影响之下。正是凭借了众多我们为之动容、并引以为傲的先驱者的赴汤蹈火，我们的信念才拥有了今天的神圣地位。我们的行为，也是按照我们所希望的样子去表现的。

那些毫无志向、低贱庸俗的生命也会在自己的品格上留下烙印，就像造物主在该隐身上留下了罪恶的烙印一样。另一方面，这世上也不乏一些只有无赖恶棍才会膜拜的偶像。

人类和昆虫在某个方面是很相似的。昆虫很容易就带上它所食的各种叶子、草木的颜色，而我们或早或晚，也会因为我们心灵的食物而受到影响。在我们的一生中，我们的每个行为，每一种联想，每句话，无不受到我们生存环境的制约。我们要走多少弯路，才会懂得龙龙凤生凤的道理。橡树上结不出别的果子，而橡果也不可能长成别的东西。同类必定相吸，万物都以类聚，这是必然的道理。由此，共同的特性也就必然会发展出来，他们也会表现出共同的行为方式。

俗话说，近朱者赤，近墨者黑。无论它是否在暗地里进行，无论这种联系多么隐秘，总有一天，这些事物的形象会出现在我们自己的脸上，表现在我们的行为中。那时候，从我们的举止中，从我们的眼睛里，没有一处不能看到我们偶像的痕迹。我们曾经有过的交往，曾经发生的爱憎、成败，过去曾经表现过的计谋、渴望，诚实或者失信，都会在我们灵魂的窗户上留下烙印，世人会对此一览无余。脸上留下罪恶的痕迹，即使有超人的意志力量也无法将其抹去。我们不妨看一看，那种游手好闲、荒淫无度的生活在脸庞上会留下怎样一幅全景图：在那里，酒吧间和游乐场的气息可以让我们看到他过去令人作呕的作乐场景，看到他那些诱人堕落的伙伴，看到他曾经的志向、动摇的决心和最后的投降。作为对比，再看看那些抵御了各种诱惑后能自我克制、不断进步和提高的人们，看看他们的面庞上又有怎样的神采。

如果一个人能使我不再封闭自己，摆脱环境中的各种束缚，为我打开各种机会的大门；如果一个人是我的一面镜子，让我观察与分析问题时能做到视野更开阔、考虑更全面，让我看到自己的缺点；如果一个人能够让我的精神更振作，感到自己的力量更强大；如果因为另一个灵魂的存在，因为他那难以抗拒的魅力，从而改变了我的整个生活；如果真有这样一个人存在，至少在我眼里，他可以当之无愧地称得上是一个最伟大的人。

每一种情绪都容易感染、扩散到别人身上。怒气会带来怒气，而仇恨会引起仇恨。按照舞台演员的经验，每次他们扮演一些欢快角色时，往往在上台之初一点都不能融入剧中人的感情里去，免不了会处在原先沉重忧郁的心境中。然而，一旦演出开始，他们就要表现所扮演角色的喜怒哀乐，自觉不自觉地，他们就会沾染上那个角色的情绪。从这里，我们可以看出情绪关联法则的强大力量。

“我们的个性总瞒不过别人的眼睛，”爱默生说，“施舍付出也不会让我们破产，偷盗不能发家，隐藏再好的凶手总会露出马脚。其实，只要有一丝的做假，不管是故意要博得人的好感，还是有意做出讨人喜欢的姿态，人们都会马上嗅出其中的做作。只有完全的坦白，你在内心才会获得坚定的支持，会收获意想不到的果实。”

良好的修养是最重要的资本

认为自己的生命是属于造就他的同类群体的，并且把上帝赐予他的一切都奉献给人类。一个人的心里如果没有这样一种观念，那么，他还算不上真正的伟大。

为了准备《路易十四时代》一书的写作，伏尔泰曾四处搜集资料，他曾经对他访谈的对象说："我打听那个时代的许多趣闻逸事，主要的倒不是关心国王本人，不是什么斯特恩克战役的细节。指挥那场战役的军官的名字或许会流传后世，但是，哪怕他打一百次胜仗，对整个人类来说也毫无影响。我是关心那一时期繁荣起来的艺术生活。我想知道的是有关莫里哀、拉辛、笛卡尔这些人活动的资料，我所关注的这些伟大人物，即使将来的人们也可以从他们这里得到永恒的、纯粹的欢乐。比起战斗细节的描写，比起宫廷里那些琐碎无聊的逸闻，一出悲剧、一幅绘画、一个科学的法则和一条跨海连接两地的沟渠，其作用显然要更重要、更宝贵。你知道，对我来说，伟人是第一位的，后面才有英雄的位置。能够攻城掠寨的，充其量只能算是英雄。而我所谓的伟人，是那些在对人类生活有重大裨益的领域、为人类所珍爱的领域具备卓越才能的人物。"

在四千年前有一位埃及法老，那个时代还没有产生基督教，但在他的墓碑上写着这样的话："我没有虐待过一个牧民，没有伤害过一个孤儿寡女。我统治的时候国内没有乞丐，没有人饥饿至死。寡妇也得到很好的照顾，她们的生活和她们丈夫在的时候没有太大区别。在荒年，我把全国的土地都用来耕种，让我的臣民能够得到食物，没有一个人挨饿。”今天生活在文明时代的统治者，又有谁能理直气壮地说出这样的话？

一个人只有把诚实作为灵魂的伴侣，并且在自己的生活和行为中身体力行这种品质，言谈中遵循这种品质，对它敬若神明，生在其中，以它为立身的根本，“威武不能屈，富贵不能淫，贫贱不能移”。这样的人才真正算得上是高贵、正直、勇敢和伟大的人。

正如菲利普·布鲁克斯所说：“认为自己的生命是属于造就他的同类群体的，并且把上帝赐予他的一切都奉献给人类。一个人的心里如果没有这样一种观念，那么，他还算不上真正的伟大。”

第十三章

细节决定成败，不是一句套话

抛开一切人为编造的痕迹，说话完全依据于事实，这样的作风在哪里都会受人们的欢迎。它所展示的那种个性力量和意志力量，正是人们最愿信赖的东西。

细节，成就完美

小事成就大事，细节成就完美。

一天，一位顾客来到乔治·格雷厄姆的店里——乔治是伦敦一个很有名气的钟表商，在他的铺子里精心挑选了一块手表，但仍然不放心，就问乔治，手表的精确度怎样。

“先生，这块表的制造和对时都是我亲手完成的。”格雷厄姆回答他，“七年以后你来找我，如果那时候时间误差超过五分钟，我一定把钱退给你。你只管放心拿去使用。”

过了七年，当年的那位先生从印度回来后，又来到格雷厄姆的铺子里找他。

“先生，”他说，“我把你的表带回来了。”

“我记得我们的条件，”格雷厄姆说，“哦，怎么了？把表给我看看。有什么地方不好？”

“是这样，”顾客说，“我已经用了七年，它的走时误差超过五分钟了。”

“真的？如果是这样，我就把钱退给你。”

“除非你付给我十倍的价钱，”顾客说，“不然我不退。”

“不管你开什么条件，我都不会食言的。”格雷厄姆回答。他把钱付给了那位先生，换回了那块表，留着自己校准时间用。

塔彼温先生是格雷厄姆先生授业恩师，塔彼温先生是当时伦敦——也许是全世界——做工最精细的机械师。有一次，一位顾客拿了一块刻了他名字的坏表找他修理，表上虽然刻了他的名字，但实际上却是假冒的。塔彼温二话不说，拿起锤子把表砸了个粉碎。看着顾客目瞪口呆，他拿出一块自己制作的手表递给他，说道："先生，这才是我的产品。"一座时钟上如果刻上了他的名字，那就是质量优异、走时准确的标志。

格雷厄姆先生一生有很多发明，他发明的司行轮、太阳系仪、水银钟摆等，后人一直都在使用，到现在几乎也没有什么改进。格林尼治天文台的一座大钟，就是他制作的，经过一百五十年到现在还是性能良好，只是每走十五个月需要调时一次。由于塔彼温和格雷厄姆的工作达到了尽善尽美的至高境界，他们去世后都葬在了威斯敏斯特教堂。

在海上航行时，水手必须知道自己在赤道的南边还是北边，距离赤道有多远，还要知道相对于某个固定地点的位置，比如在格林尼治、巴黎或者华盛顿的西面还是东面，距离多远。为了航行安全，这是必须知道的。如果他有一个绝对精确的计时器，那么每天有太阳的时候，他就可以借助计时器来获得这方面的数据。然而，当时这种高精度的计时器还没有发明出来。为了找到一种测量经度的办法，十六世纪时，西班牙国王悬赏一千克朗。两百年后，英国政府悬赏五千英镑，如果有人能够发明一种帮助海船测量它所在的经度，而且误差不超过六十英里的计时器，就可以领到这笔奖金；如果误差少于四十英里，奖金是七千五百英镑；少于三十英里，一万英镑。另一个版本是，书记员不小心把最后一项写成了两万英镑。

于是，世界各国的钟表工都觊觎着这笔奖金，费尽心思想把它收入囊中。但一直到1761年，仍然没有人能够得到这笔钱。恰好就在这一年，约翰·哈里森发明了他的计时器，他要求对仪器进行检验。于是，在一次为期一百四十七天的从普茨茅斯到牙买加的往返航行中，哈里森先生发明的计时器被派上了用场，整个航程最后的误差只有四秒。随后一次到巴巴多斯的为期一百五十六天的环球航行过程中，这台装置误差只有十五秒。最终，两万英镑的奖金颁给了哈里森先生——这位已经为此努力工作了四十年，双手和计时器一样灵巧的机械师。

在纽约州的一个小村庄，一个木匠对铁匠说，“给我做一柄最好的锤子，要那种你能做得最好的……我们有六个人来这里干活，我把锤子忘在家里了。”“我能做得出的最好的锤子？”铁匠戴维·梅多尔满腹狐疑地问，“你会出那么高的价钱吗？”“会的，”木匠说，“我需要一柄好锤子。”

铁匠最后交给他的，确实是很好的一柄锤子，锤头的孔比一般的锤子要长，锤柄可以深楔入孔里，这样，在使用的时候锤头就不会脱柄飞出去。也许从来就没有哪柄锤子比这柄更好。木匠对这项改进赞不绝口，不住地向同伴炫耀他的新工具。第二天，他的那些同伴都跑到铁匠铺，每个人都要定制一柄一模一样的锤子。这些锤子定做好以后，又让他们的包工头看见了。于是，包工头也来给自己定了两柄，而且要求比前面定制的都好。“这我做不到，”梅多尔说，“每次我做什么的时候，都是尽可能把它做好，我不会在意主顾是谁。”

梅多尔其实只要按照已有的工艺标准做下去，很快就能发大财；但在整个漫长的工作过程中，他总是在想办法改进每一个细节。一个五金店老板一下子定了两打，这么大的订单，梅多尔以前从来没有接过。纽约的一个商人来村子里兜售他的货物，看到五金店老板已经定制好的锤子，把它们全部买走了，还留下了一个长期订单。尽管这些锤子在交货时并没有什么“质量优秀”的标签，但只要在锤子上刻有“梅多尔”几个字，就意味着它的质量达到了世界顶级水平。

对一种商品来说，质量好、性能优越是最有效的广告。

精益求精，奠定成功基础

精益求精，迄今仍然是飞黄腾达的唯一途径。

一家很大的钢铁厂的经理这样说："我们没有什么秘密可言。"他的工厂员工有数千人之多，他继续说："我们的秘密，让别人知道也无所谓。我们所做的，其实就是在质量方面精益求精，争取更上一层楼。"

已故的约翰·维廷是马萨诸塞州诺斯布里奇著名的机器制造商。有一次，一位顾客向他抱怨，说他们的轧棉机售价太高了，维廷回答道："我想看到的，不是我们的产品价格有多低，而是它的质量有多好。"他这句话的含义商人们很快就懂得了，之后，新英格兰的棉花制造商一个习惯的做法，就是每次有机会做产品销售的广告，就告诉人们他们的产品历史很悠久，并且不忘补充一句："是维廷制造的。"好像加了这句话，就足以保证诺斯布里奇所有产品的质量似的。

"就按照我原来的样子画，把那些该画的地方都画上。"奥利弗·克伦威尔对他的画师说。因为画师为了取悦这位大人物，不想把他的黑痣画出来。

一位众议员恼羞成怒，说了这句话："我还记得你从前给我父亲擦过皮鞋。"意在羞辱与他辩论的对手。"一点儿也不错，"对方马上回敬他，"难道我没有把皮鞋擦好吗？"

“要分辨是不是好的靛蓝也容易，”一位老太太说，“拈一小块放到水里，如果是好靛蓝，它就会浮在水上，哦——对不起，也可能是沉到水底，到底是哪种我记不得了。不过，这倒没关系，你可以自己试试。”这种解释真让人哭笑不得。

英国的威灵顿公爵一度深受耳聋之苦，他请了一位知名大夫给自己看病。大夫让公爵几乎性命不保，因为他用了强腐蚀剂灌到了公爵的耳朵里，结果引起炎症。大夫懊悔不已，再三道歉，担心这个错误会毁了自己的前程。“不用担心，”公爵很大度地说，“我不会和谁提这件事的。”“那我可不可以继续做你的护理，这样别人就不会怀疑我的水平了？”“这不行，”公爵断然拒绝，“这是欺骗。”

有一次，雕刻家布朗先生在沃德小姐家看到一座石膏像，雕得非常逼真。其原型是几年前沃德一家还在布鲁克林居住时在他们家做事的一个爱尔兰工人，不仅形体、表情酷似，甚至连他裤子上的补丁、外衣的裂口以及那顶窄边的大礼帽都没有差别。雕像的作者是沃德小姐的弟弟小沃德。“这小孩子不简单。”雕刻家夸奖道。六年以后，他邀请小沃德进了他的工作室，跟他学手艺。时至今日，在美国的雕刻界，小沃德已经成了一个最响当当的名字。

不敷衍，不忽略细节

抛开一切人为编造的痕迹，说话完全依据于事实，这样的作风在哪里都会受人们的欢迎。它所展示的那种个性力量和意志力量，正是人们最愿信赖的东西。

“爸爸，”一个孩子对他的父亲说，“我昨晚在街上看见了一大群狗，有五百多只，我不骗你。”“肯定不可能。”父亲说。“我真的看见了，不是五百那就是一百只。”“不可能，”父亲说，“我们村里总共也没有那么多狗。”“哦，那至少有十只，这我可以保证。”“你现在说十只我也不相信，”父亲说，“因为开始你说看到五百只的时候，口气和现在一样肯定。你已经两次出现了漏洞，现在我不会再相信你了。”“哦，爸爸，”孩子最后说了实话，“我就看见了两只狗，一只是我们的卷毛狗，还有一只是别人家的。”

为了增强故事的吸引力，孩子故意夸大其词，我们都能判断他的做法不对。可是，生活中另外有一些人，他们每天都在唠唠叨叨，“从来没有这么冷的冬天”，“从来没有这么热的夏天”，或者“从来没有见过这么大的雨”，他们的话又有多少可信度呢？

缺乏精确性的表现形式有很多种。明明知道真相却故意保持沉默，故意避重就轻，回避事实；为了不得罪人，就只管说好话；夸大其词，骑墙观望，人云亦云，不懂装懂，这些空洞虚假的态度，都是与不精确有关的恶劣行为。抛开一切人为编造的痕迹，说话完全依据于事实，这样的作风在哪里都会受人们的欢迎。它所展示的那种个性力量和意志力量，正是人们最愿信赖的东西。

我们在自然界看到的一切，都是认真而不敷衍，真实而不做作的。今天我们看到的玫瑰或水晶，和创世之初伊甸园里的玫瑰或水晶，仍然是同一种形状，同一种色彩。无论是长在女王的花园里众人瞩目的一朵玫瑰，还是长在不为人注意的路边的玫瑰，甚至是长在人迹罕至的荒山野岭的玫瑰，它的芳香、它的美丽，都不会有丝毫变化。水晶无论是形成在地底下，还是在地面上，都不会有什么结构上的差别。行星周而复始地运转，但每次都在同样的时间回到原来的地方，这种运动可以说正是上帝意志力存在的证明。

美国的迅速崛起和它资源的丰富，使这个国家滋生了一种不良的倾向，凡事喜欢夸大和渲染。其实，这个国家真实发生的一切，远比小说中虚构的故事更加精彩。正是因为这一点，我们才更不理解：实事求是远比泛泛的溢美之词更为有力，为什么人们那么偏爱夸张的叙述？这道理我们都知道，然而一开口就又把它抛到了脑后。事实上，今天我们要来辨明美国实际上发生的一切已经非常困难了，因为不知道其中有多少财富是出自误传。而事实上，这样的误传其实毫无必要，有什么东西能比真相本身更有说服力呢？

一个旅行家在西伯利亚发现，尽管当地一些居民文明程度不高，但他们的视力却远远超过我们，他们用肉眼就可以看到木星。反过来想一想，我们也没有一项重大天文学发现是借助巨型望远镜获得的，这也许会让人奇怪。还有，我们再看看，那些在这一科学领域对知识进步作出最大贡献的人，他们使用的大多是最普通的仪器，但他们的思想和眼睛却受过非常严格的训练。

埃尔文·克拉克曾经制造过一架直径达三英尺的双面凸透镜，

价格高达六万美元。这台仪器是俄罗斯定制的。整个仪器非常精密，最后只能靠手工把它抛光，动作稍大就会破坏测量的精度。测试的时候，工作人员用手把它移了一下，克拉克马上让他们停住：“等等，先等它冷却再移。”原来，克拉克解释说，人手上的热量可能也会影响它的精确度。克拉克先生对精确的追求是非常出名的，甚至在全世界范围，他的名字都是精确的代名词。

有一次，美国国会即将闭会时，有人请韦伯斯特对一个争议很大的问题发表看法，他断然拒绝：“不行。我没有时间谈论这个问题，我还有很多事情。”“啊，不要紧的，每次你发言总是很精彩，韦伯斯特先生。你不管谈论什么，从来没有失败过。”韦伯斯特回答说：“那恰恰是因为，每次无论要讨论什么问题，如果不先在自己心里把这个问题过一遍，我是绝对不会发言的。这次我确实没有时间，很抱歉。”

“无论做什么事情，”一位著名作家写道，“都应该一丝不苟，尽心尽力。这是因为，究竟什么才事关真正的大局，究竟什么才是最重要的，这一点其实我们也不是很清楚。也许在我们眼里微不足道的小事，实际上却可能生死攸关。”

美国著名法官鲁弗斯·乔特是一个非常认真的人。有时候，他会和一个小商贩为了一些小事情进行辩论，其认真劲儿，丝毫不亚于他在联邦最高法院的演说。

每次见到但丁走过，佛罗伦萨人都这么说：“这个人一定去过地狱。”实在是因为但丁对地狱的描写太生动逼真了，让人不能不产生这样的想法。

达·芬奇在创作他的名画《最后的晚餐》时，常常会为了一个细节、一种色彩而跑遍整个米兰城。孟德斯鸠也曾因为自己的一部著作对一个朋友说：“你几个小时就可以把它看完，可我却辛辛苦苦，几乎为它写白了头。”在写作过程中，无论是在清醒读书时，还是夜里做梦，孟德斯鸠想到的只有这本书，这简直成了他全部日程的焦点。“如果一个人不能在每一种情形下都尽可能写得最好，”乔治·利普雷说，“那么，他很快就会养成一种坏习惯，就是在无论什么情形下都不会好好写。”

历史学家吉本九次改写他的回忆录，《罗马帝国盛衰史》的开头几章更是修改了十八次才定稿的。

一位小有成就的昆虫学者向美国著名动物学家阿加西教授拜师学艺，希望能够增进自己的学问。教授把一条死鱼递给他，让他用眼睛好好观察。过了两个小时，他开始盘问这名学生，最后他摇摇头，评论道：“你观察得还不够仔细。再看看。”第二次检查，他还是摇头，说道：“看来你不知道怎么使用自己的眼睛。”这句话给了学生很大的刺激，他一改从前对很多事物熟视无睹的恶习，开始事事都发生兴趣。最后，等他第三次接受教授检查的时候，他得到的评价是：“很好，现在你知道怎么用自己的眼睛了。”这位著名昆虫学家对此非常满意。

只有细心的人，才能做到精确无误

追求精确的人都是认真细心的人，细心就是一种个性上的美德。

美国金融家斯蒂芬·吉拉德简直就是精确的化身。他最为人们熟悉的一句话，不是“做得很不错”，而是“做得没有任何一点儿错”。凡是他颁布的命令，一律要严格执行，不能有丝毫的违背。只要他承诺过的事情，他不会有一丝一毫的违反。他认定，凡事如果不能追求最大的精确，那么最终不可能有巨大的成功。他绝不把自己交给命运支配，在生意上的每一个细节他都要精益求精，一定要仔细盘算。他的习惯是，事无巨细都要追求精确，这一点倒像拿破仑。不过，按照他一个做商人的弟弟的说法，他之所以能够获得那么巨大的成功，完全是出于运气好。

1805年，拿破仑撤走了横陈在英吉利海峡东岸的大军，挥师直上多瑙河。尽管他脑海里千头万绪，日理万机，但他并没有仅仅下个命令，让手下去具体执行就撒手不管了。他对于各个环节的细微方面，甚至连那些下级军官都认为太琐碎而不屑考虑的事情，都一一加以过问。甚至在军号吹响之前，他已经计划好了每一支分队的明确的行军路线、准确的出发和到达时间。对这些细节他在事先就作了通盘的考虑，军队完全按照他的命令行动。最后，这次令人瞩目的行军的结果就是著名的奥斯特里茨大捷，这一战役决定了欧洲未来十年的局势。

英国著名历史学家麦考利几乎对作品的每一个句子都要细心推敲，一直到自己满意、无法再改为止。

因为自己的作品中涉及某个城堡，英国著名作家瓦尔特·司各特爵士就专程到这个已经废弃的古堡进行实地考察。他带了笔记本，把古堡附近每一株草、每一朵花的名字都记录下来，按照他的说法，一个作者只有这样才可能创作出伟大的作品。

美国著名记者加菲尔德除了自己的剪贴簿外，还有五十多本文件夹，并且按内容分别冠以“一般政治”、“议会决策”、“日内瓦颁奖”、“逸闻”、“选举法和选举委员会”、“公众人物”、“税收”、“新闻出版”、“国家政治”、“美国史”等分类标题。任何有价值的资料，他都会一丝不苟地保存在文件夹中。因此，如果他要就什么题目发表演讲，他可以选用的资料非常充裕，几乎任何人都比不上。

追求精确的人都是认真细心的人，细心就是一种个性上的美德。

有一次，旧金山一位商人给一位萨克拉门托的商人发电报报价。“一万蒲式耳大麦，单价一美元。价格高不高？买不买？”萨克拉门托的那个商人原意是要说“不。太高”，可是电报里却漏了一个句号，就成了“不太高”，结果这一下就使他损失了一千美元。发送信息时类似这样的粗心大意，不知道让多少人倾家荡产，带来了多少不幸啊！

“一个人做事认真，一丝不苟，总是讨人喜欢，”图特尔先生曾经说，“没有哪个老板喜欢把自己的手下当作骗子、傻瓜一样紧盯不放。如果一个出纳需要核对簿记员的每一笔记录，如果一个木工要一直在边上看着他的雇工干活，他不如自己亲自动手，或者就干脆另外请人。至于那个不会干活的马大哈，当然要马上把他打发走。”

一个事业成功的制造商说：“能做一根质量过硬的针，也比只会造一台糟糕的蒸汽机要挣钱。”

美国著名演员菲尔兹曾说：“有些妇女钉的扣子稍一用力就会脱落，她们补的衣服总是很容易破。但也有一些妇人，用同样的针线补的衣服、钉的纽扣，你用吃奶的力气也弄不掉。”

“懒散”、“粗心”、“草率”，这样一些评价送给生活中成千上万的失败者毫不为过。有多少人，包括教士、职员、出纳、编辑甚至大学教授，就是因为粗心马虎而丢了他们的工作。

伯格讲述过一个年轻商人的故事。他每天总是在同一个时间开业，也在同一个时间关门，这样持续了几个星期，这期间几乎什么生意都没做成。然而，尽管如此，他的这种营业方式还是引起了人们的注意，并为他最后的致富铺平了道路。

斯图尔特先生极端地讲究精确和有条理，不论是做什么生意都是如此。在他的店里，每一个部门都有严格的条例，任何差错都要受到处罚。他事无巨细，都严格把关，而且每天起早贪黑，工作非常认真。

“格拉顿，如果你多买些绳子，把你的文件、账单都扎好的话，你会成为我们这个时代最了不起的人物的。”律师库兰对格拉顿说。库兰非常清楚，只有细心的人才会做到精确无误，才会成功。这可以说是一条金玉良言。

养成良好的做事习惯

我们应该要下定决心，养成良好的做事习惯，不拖拉应付，不敷衍塞责。像追求智慧与财富，或者追求其他我们渴望的东西那样追求精确。

约纳斯·奇科林刚开始给一个琴行老板工作的时候，就以他的吃苦耐劳，一丝不苟著称。对他来说，每个环节都不是小事。他唯一的愿望就是一定要精益求精，他不在乎花费多少时间和精力。很快他就自己开了家琴行，从此，他决心要造出最好的钢琴，使演奏者更省力，使钢琴旋律更丰富、饱满，同时又能保持音色的纯正。因此，他每制作一架钢琴，都要求质量能够超过原有的成品。他要的就是质量上的完美。他不能容忍生产或者销售中出现任何违反规定的做法。在他此后的职业生涯中，他所制造的全部乐器最后都由他把关，这项工作他从来不交给任何人。

正是借助这些品质，竞争对手被奇科林远远地甩在了后面。有一件事情可以说明他在这一领域的影响力。有一次，马萨诸塞州有一个琴行老板经过州议会的允许，把自己的名字也改成了奇科林，并把这个名字堂而皇之地印在他制造的钢琴上。约纳斯·奇科林马上向州议会提出抗议，那个琴行老板只好把名字又改了回来。这里可以看出，一种个性上的特征既可以有伦理的价值，也可以有商业的价值。

在约瑟夫•特纳小的时候，他父亲希望他能够成为一个理发师。然而，他却在绘画上表现出了极大的兴趣，他的父亲也没有办法，勉强同意他以艺术为业。而特纳很快就成了一个艺术方面的行家里手，不过，为了谋生的需要，他的大量的工作是给各种旅行指南和年鉴配插图。他当时什么活都接。尽管这些工作报酬非常微薄，但特纳依然做得很认真。他所付出的劳动，其价值要远远高于他所得的报酬。以后，他也开始接一些档次更高的活，他的报酬渐渐提高。人们总是乐意把活交给更认真负责的人，愿意把一些更高档次的工作交给他们去做，只要他们力所能及。随着特纳的业务越来越多，人们开始注意到他的作品里面包含的某种更卓越的成分——可以说，这些东西直到今天还没有完全被人理解。他的成就比起很多举世公认的风景画大师，也许都还要高出许多。他对自然风景的研究，也是无人能比的。可以说，特纳在绘画领域的地位，正如莎士比亚在文学方面的地位，两者都是有史以来最伟大的天才。

这种追求完美的个性在美国演说家温德尔•菲利普斯的身上，也表现得淋漓尽致。对于每一个词、每一句话，在出口之前他都要精心斟酌和选择，务必要能体现他自己的思想，而且要和谐匀称，长短适宜。追求精确就是他演说的一大特征。毫无疑问，他是美国第一位杰出的法庭辩论大师，他对节奏的把握、他的滔滔辩才，都是无人能及的。

有很多写得非常不错的文章，就是因为字迹太潦草才被退稿的。法国作家大仲马的手稿以干净清晰著称。一次，他有一位朋友因为向出版社投稿经常被拒，就来向他请教。大仲马给他的建议就是，把题目作些修改，再请一个职业抄写人把他的稿子干干净净地誊写一遍。

这位朋友听从了他的建议，果然，这么处理之后，他的文章就被以前拒绝过他的一个出版商看中了。

所以，我们应该要下定决心，养成良好的做事习惯，不拖拉应付，不敷衍塞责。像追求智慧与财富，或者追求其他我们渴望的东西那样追求精确。马马虎虎、敷衍了事的毛病可以使一个百万富翁很快倾家荡产；相反，每一个成功人士都是认认真真、兢兢业业的。精确其实就是一种个性，而个性也就意味着力量。

第十四章

意志力决定一切，坚持就是胜利

如果三心二意，哪怕是天才，终有疲惫厌倦之时。滴水可以穿石，锯绳可以断木。只有仰仗恒心，点滴积累，才能看到成功之日。勤快的人能笑到最后，而耐跑的马才会脱颖而出。

确定目标，奋力向其前进

有志者，事竟成。

“观众都站起来向我欢呼，”爱德蒙·基恩冲回家，兴奋不已的他一把抱住疑惑的妻子，大声说道，“以后你可以有自己的马车，查理可以去最好的学校读书了！”

基恩是一位演员，他天生一副尖嗓子，让人听着很不舒服，肤色偏黑；然而，刚刚出道的时候，他就决定扮演一个前人还没有扮演过的角色——马辛杰戏剧中吉列斯·欧弗里奇爵士的角色。他坚持不懈地尝试，不怕失败，最终这个角色获得了人们的认可，受到了整个伦敦的欢迎。他一直埋头钻研自己的演技，最终成了当时的大明星。

谢里丹刚刚进入国会，才做了第一次演讲，著名记者伍德弗尔就对他下了这一断语：“请原谅我坦率说出我的看法，我觉得您不适合做演讲。”伍德弗尔奉劝他还是回去做他原来的职业。“不，”谢里丹手托着下巴，沉思了片刻，然后回答道，“我觉得我适合，以后你会看到的。”后来，谢里丹的确做到了这一点。被著名的演说家福克斯称赞为众议院有史以来最出色的一篇演说，正是出自谢里丹之口，那是一篇他反驳沃伦·哈斯汀斯的著名演讲。

1828 年，十八岁的伯纳德·帕里希离开了法国南部的家乡。当时他只是一个不起眼的玻璃画师，然而，他内心却怀着满腔的艺术热情。按他自己的说法，那时候他“一本书也没有，只有天空和土地为伴，因为它们对谁都不会拒绝”。

一次，他偶然看到了一只精美的意大利杯子，完全被它迷住了，这样，他过去的生活完全被打乱了。从这时候起，他内心完全被另一种激情占据了——他想看看瓷釉为什么能赋予杯子那样的光泽，并决心要发现瓷釉的奥秘。此后，他经年累月地把自己的全部精力都投入到对瓷釉各种成分的研究中。他自己动手制造熔炉，但第一次以失败告终。后来，他又造了第二个。这一次虽然成功了，然而这只炉子既耗时间，又耗燃料，让他几乎耗尽了财产。最后因为买不起燃料，他只能无奈用普通火炉。失败对他已经是家常便饭，然而每次他在哪里失败就从哪里重新开始。最终，在经历无数次的失败之后，他烧制出了色彩非常美丽的瓷釉。

帕里希为了改进自己的发明，用自己的双手把砖头一块一块垒了起来，建了一个玻璃炉。终于，到了决定试验成败的时候了，他连续高温加热了六天。可是，出乎意料的是，瓷釉并没有熔化。他只好通过向别人借贷又买来陶罐和木材，因为他当时已经身无分文了，他又想方设法找到了更好的助熔剂。准备就绪之后，他又重新生火，然而，直到燃料耗光也没有任何结果。他跑到花园里，把篱笆上的木栅拆下来充柴火，但仍然没有效果；然后是他的家具，但仍然没有起作用。最后，他把餐具室的架子都一并砍碎扔进火里，奇迹终于发生了：熊熊的火焰一下子把瓷釉熔化了。秘密终于揭开了。事实再次证明了这一点：有志者，事竟成。

一个出版商对他的代理人说：“如果你在两周内一本书都没有卖出去，而你一点都不泄气，那你肯定会成功的。”

“先考虑自己要做什么，”卡莱尔说，“然后像赫拉克勒斯那样全力以赴。”

“一个人想在绘画上有成就也好，或者在别的艺术领域有成就也好，”著名画家雷诺兹说，“他都应该把这个目标牢记心头，从早晨起来一直到晚上睡觉，都不能稍有遗忘。”

“一个人如果总是优柔寡断，不知道该先做什么，”威廉姆·沃特曾经说，“那他就会什么也做不了。他如果下定决心，可是一听到朋友的反对意见又马上改变想法，让自己的主意总是变来变去，就像风向标一样，东风来西边倒，西风来东边倒，这样的人是做不成什么大事的。他们不会有任何进步，最多只能在原地踏步，搞不好就很有可能一败涂地。”

“我成功的唯一秘诀在于勤奋。”著名画家特纳如是说。

因为有了恒心与忍耐力，才有了耶路撒冷巍峨的庙堂，才有了埃及平原上宏伟的金字塔；因为有了恒心与忍耐力，人们才登上了云雾缭绕、气候恶劣的阿尔卑斯山，在宽阔无边的大西洋上开辟了航线；正是因为有了恒心与忍耐力，人类才夷平了新大陆的各种障碍，建立起了人类居住的共同体。天才凭借恒心与忍耐力在大理石上刻下了精美的创作，在画布上留下大自然恢弘的缩影。恒心与忍耐力使汽车变成了人类胯下的战马，装载着货物翻山越岭，弹指一挥间在天南地北往来穿梭；恒心与忍耐力创造了纺锤，发明了飞梭；恒心与忍耐力让白帆撒满了海上，使海洋向无数民族开放，每一片水域都有了水手的身影，每一座荒岛都有了探险者的足迹。恒心与忍耐力还把对大自然的研究分成了许多学科，预言其景象的变化，探索自然的法则，丈量没有开垦的土地。

如果三心二意，哪怕是天才，终有疲惫厌倦之时。滴水可以穿石，锯绳可以断木。只有仰仗恒心，点滴积累，才能看到成功之日。勤快的人能笑到最后，而耐跑的马才会脱颖而出。

勤奋，可以弥补缺失的才华

即使缺少才华也不要紧，勤能补拙。更重要的是勤奋。如果你有才华，勤奋能够让你如虎添翼。

“你的发现是不是都来自直觉？”一个采访托马斯·爱迪生的记者问，“是不是夜里醒来的时候，那些发明就突然出现在你的脑海里了？”

“我从来不做任何投机取巧的事情，”爱迪生回答，“除了照相术，我的发明没有一项是由于幸运之神的光顾。一旦我下定决心，知道我应该往哪个方向努力，我就会一遍一遍地试验，勇往直前，直到产生最终的结果。对于那些纯粹满足人们猎奇心理而毫无实用价值的奇思怪想，我根本无暇顾及。这些发明都限于一些有商业价值的领域。”停了一下，这位大发明家又说：“我就是喜欢做这些事情，没有什么别的理由。不论什么事情我一旦着手，如果不做完它我就会不舒服，就会一直念念不忘。”

一个能够对工作全力以赴的人，必定会有所成就；如果他同时还拥有才华、机智，那么他距离成为伟人也就不远了。

吉本辛勤耕耘二十年，才写出了他的《罗马帝国盛衰史》；诺亚·韦伯斯特有了《韦伯斯特大词典》的雏形时已经历时三十六载的工作，看看他将自己的毕生都投入到词汇的搜集、定义的事业，其中表现的是何等非凡的毅力和高贵的精神啊！

乔治·班克罗夫特为写《美利坚合众国史》花了二十六年的心血；而牛顿前后十五次改写他的《古代国家编年史》。提香曾给查理五世致信："我把我最重要的一幅作品献给陛下，这七年的所有时间我几乎都花在了这幅作品上。"他的另一幅画也耗时八年。瓦特用了二十年改进冷凝机；乔治·史蒂芬孙用了十五年的时间来改进他的火车头；哈维观察了八年，才出版了他揭开血液循环奥秘的著作。当时哈维被同行们称作精神病患者、骗子，他忍受了二十五年的攻击和嘲弄，才最终让学术界承认了他的伟大发现。

外交家波尔沃的道路，又是怎样一条不甘命运摆布、奋起抗争的道路啊！他从事小说创作失败了，他从事诗歌创作又失败了，他那稚气未脱的演讲也几乎成了对手的笑柄。然而，他却没有被这些讥笑和挫折打垮，凭借自己的力量，他最终向社会证明了自己的价值。

伟大的演员索伦坦率地说，自己戏剧生涯的前半生因为不能胜任角色的扮演，时时面临解聘的威胁。

"不要完全依赖才华，"约翰·罗斯金借用约舒亚·雷诺兹的话说，"即使缺少才华也不要紧，勤能补拙。更重要的是勤奋。如果你有才华，勤奋能够让你如虎添翼。"原始人有一种信仰，认为自己一旦征服了敌人，自己的精神就会进入敌人的身体，从此驱使他们为自己卖力。我们所崇拜敬仰的人，他的精神同样也会进入我们的身体，帮助推动我们去获得成功。

牛顿早在二十一岁就发现了万有引力定律，然而，在测量地球圆周时发生了一个微小的偏差，这使他迟迟不能证明自己的理论。二十年以后，他自己纠正了这个偏差，证明无论是行星在轨道上的运行，还是苹果落地，都是受同一种法则支配的。

其实，冲突会产生力量。正是由于对立一方的存在，才激发出我们自身更大的力量。普鲁士元帅布吕歇尔昨天还是拿破仑的败将，然而，仅仅时隔一日，在滑铁卢我们又听到他的部队隆隆的枪炮声。昔日的败军之将，又把恐惧、死亡的阴影扔回到了他的对手那里。每当克服一个障碍，我们的能力也就增进了一分，又可以去面对下一个障碍了。

不被挫折打倒，目标就会达成

世上无难事，只要肯登攀。

1492 年 2 月，哥伦布失望地离开了爱尔罕布拉宫，他原先希望争取西班牙国王斐迪南德和王后伊莎贝拉的支持，但没有成功。他缓缓地出了宫门，骑着骡子，考虑应该往哪里去。他此时此刻看上去头发花白，脑袋耷拉着，几乎碰到了骡子的背上，精神也十分萎靡。他从幼年开始就抱着一个念头，认为地球是一个球体。当时，人们发现了雕有图案的木片，就在距离海岸线四百英里远的海上；还在葡萄牙海滨发现了两具尸体，从人体特征上判断，他们和已知的人种都不一样。哥伦布相信，这些尸体就是从遥远的西部一些还不为欧洲人所知的岛屿上漂流过来的。他曾经指望葡萄牙国王能够出资，资助他进行海上航行，以便发现那些遥远的岛屿。然而，国王约翰二世一面假意答应帮助他，另一方面却暗地里派出了自己的考察队。哥伦布最后的一线希望也破灭了。

哥伦布靠给别人画各种图表为生，四处乞讨。他的妻子也已经离他而去，他的朋友也都把他当成疯子，对他不闻不问。对他所谓的往西航行就可以到达东方的理论，斐迪南德和伊莎贝拉夫妇身边的智囊人物，也嗤之以鼻。

“可是，既然太阳、月亮都是圆的，为什么地球不能是圆的？”哥伦布问道。

“如果地球是球体，靠什么支撑它？”那些智囊问。

“那太阳、月亮又是靠什么来支撑的呢？”哥伦布反问道。

“如果一个人头朝上，脚朝下，就像天花板上的苍蝇一样，你觉得这可能吗？”一位博士继续问哥伦布，“如果树根在上边，它可能生长吗？”

“池塘里的水也都会流出来，我们也就站不起来了。”另一位哲学家补充道。

牧师也加入了辩论。“这也不符合《圣经》上的说法。《以赛亚书》上说：‘苍穹铺张如幔’，这说明地显然是平直的，说它是圆的，那是异端。”

哥伦布对他们不再抱任何希望，就在他转念想去为查理七世效力的时候，事情突然出现了转机。伊莎贝拉的一个朋友对她建议说，万一哥伦布的说法是对的，就可以大大地抬高她统治的声望，而且，只需要一笔很小的花费。“好的，”伊莎贝拉同意了，“我把我的珠宝拿去抵押，就算是给他的经费。喊他回来。”

就这样，哥伦布转过了身子，同时世界也转了个身。可是，他的航行又出现了别的问题，没有一个水手愿意和他一起出海。幸好国王和王后用强制手段下了命令，让他们必须去。于是，他们乘坐“平塔号”帆船出了海。他们的船很小，比平常的帆船大不了多少，而且刚刚启程三天，船舵就断了。水手们内心都有一种不祥之兆，一时情绪非常低落。哥伦布就向他们描述了一番他所知的印度的景象，描述了一番那儿遍地的金银珠宝，好不容易才让水手们的情绪稳定下来。

船驶过加那利群岛以西两百英里后，他们的磁针不再是朝着北极星的方向了。一场叛乱几乎迫在眉睫，水手们说什么也不肯再往前走。这时候哥伦布又向他们解释，说北极星实际并不在正北方，最后总算说服了他们。当船航行到距离出发地两千三百英里远（哥伦布故意骗他们说只有一千七百英里远）的时候，他们发现了船周围时常有一些陆上的鸟类飞过，有樱桃木在水面上漂流，还从水里打捞起了一块很奇怪的雕有图案的木片。最后，哥伦布终于把西班牙王国的旗帜插在了新大陆上。

恒心与忍耐力，是成功必备的条件

人的恒心与忍耐力才是成功所必需的，而不是朋友的支持或个人的天赋，以及各种有利条件的配合。

在退休的时候希拉斯·菲尔德先生已经积攒了一大笔钱，然而这时他又忽发奇想，想在大西洋的海底铺设一条连接美国和欧洲的电缆。随后，他就全身心地开始推动这项事业。建造一条一千英里长、从纽约到纽芬兰圣约翰的电报线路，是他们需要做的前期基础性的工作。纽芬兰四百英里长的电报线路要从人迹罕至的森林中穿过，所以，要完成这项工作不仅包括建一条电报线路，还包括建同样长的一条公路。此外，还包括穿越布雷顿角全岛共四百四十英里长的线路，再加上铺设跨越圣劳伦斯海峡的电缆，整个工程非常浩大。

菲尔德使尽全身本领，终于从英国政府那里得到了资助。然而，他的方案在议会遭到了强烈的反对，仅以一票的微弱优势才在上院得以通过。随后，菲尔德开始了电缆的铺设工作。电缆一头搁在停泊于塞巴斯托波尔港的英国旗舰“阿伽门农”号上，另一头搁在美国海军新造的豪华护卫舰“尼亚加拉”号上。不过，就在电缆铺设到五英里的时候，它突然被卷到了机器里面，被切断了。

心有不甘的菲尔德进行了第二次试验。在这次试验中，在铺到两百英里长的时候，电流突然中断了，船上的人们好像世界末日一样，在甲板上焦急地踱来踱去。就在菲尔德先生即将命令割断电缆、放弃这次试验时，如之前神奇地消失一样，电流又突然神奇地出现。夜间，电缆的铺设以每小时四英里的速度进行，船也以每小时四英里的速度缓缓航行。这时，轮船突然发生了一次严重倾斜，制动器紧急制动，非常不幸的是又割断了电缆。

但菲尔德又订购了七百英里的电缆，他并不是一个容易放弃的人。而且还聘请了一个专家，请他设计一台性能更好的机器，以完成这么长的铺设任务。后来，英美两国的发明天才联手才把机器赶制出来。最终，电缆也续接上了，两艘军舰在大西洋上会合了。随后，两艘船继续航行，一艘驶向纽芬兰，另一艘驶向爱尔兰，结果它们都把电线铺完了。两船分开不到三英里，电缆又断开了。再次接上后，两船继续航行，到了相隔八英里的时候，电流又没有了。电缆第三次接上后，铺了两百英里，在距离“阿伽门农”号二十英尺处又断开了，两艘船最后不得不返回到爱尔兰海岸。

公众舆论对此流露出怀疑的态度，参与此事的很多人一个个都泄了气，投资者也对这一项目没有了信心，不愿再投资。这时候，如果不是菲尔德先生，如果不是他天才的说服力，如果不是他百折不挠的精神，这一项目很可能就此放弃了。菲尔德继续为此日夜操劳，甚至到了废寝忘食的地步，他不愿意轻易接受失败。

于是，第三次尝试又开始了，全部电缆铺设完毕，而没有任何中断，这次总算一切顺利，几条消息也通过这条漫长的海底电缆发送了出去，一切显示似乎就要取得成功，但电流突然又中断了。

这时候，几乎没有人不感到绝望，但菲尔德和他的一两个朋友例外。他们始终抱有信心，正是由于这种坚持不懈的毅力，他们最终又找到了投资人，开始了新的一次尝试。他们买来了质量更好的电缆，这次是“大东方”号执行铺设任务，它缓缓驶向大洋，一路把电缆铺设了下去。一切都很顺利，但最后在铺设横跨纽芬兰六百英里电缆线路时，电缆突然又折断了，掉入了海底。他们打捞了几次，但都没有成功。于是，这项工作就耽搁了下来，而且一搁就是一年。

所有这一切困难都没有吓倒菲尔德。好一个菲尔德，他又组建了一个新的公司，而且制造出了一种性能远优于普通电缆的新型电缆，继续从事这项工作。1866年7月13日，新一次试验又开始了，并顺利接通、发出了第一份横跨大西洋的电报！电报内容是："7月27日。我们晚上九点到达目的地，一切顺利。感谢上帝！电缆都铺好了，运行完全正常。希拉斯·菲尔德。"

不久以后，原先那条落入海底的电缆又被打捞上来，重新续接上，一直通到纽芬兰。现在，这两条海底电缆线路仍然在使用，而且再用几十年也不会有事。

由此可见，人的恒心与忍耐力才是成功所必需的，而不是朋友的支持或个人的天赋，以及各种有利条件的配合。最终，天才的力量总比不上勤奋工作永不退缩的力量。才华固然是我们所渴望的，但恒心与忍耐力更让我们感动。

意志力决定一切，坚持就是王道

著名歌唱家玛丽布兰曾经说：“如果一天不练习唱歌，我自己就能感到退步；如果两天不练习唱歌，朋友们就会看出来；如果是一星期不练习，那么全世界都会感觉到了。”对她来说，坚持不懈的奋斗正是她为成功支付的代价。

“你用了多长时间学琴？”一位青年问著名小提琴家格拉迪尼。“二十年，每天十二小时。”他回答。也有人问基督教长老会著名牧师利曼·比彻类似的问题：他为了那篇关于“神的政府”的著名布道词，准备了多长时间？他回答说：“大约四十年。”

“只要工夫深，铁棒也能磨成针”，说的是中国古代有一位文人，因为一连串的失败，几乎想放弃学业，这时候，他看到一位老太太正拿了一根铁棒，要在石头上磨出针来。这种恒心一下子让他深受启发，决心继续钻研自己的学业。他最终成为中国历史上最著名的文学家之一。

本杰明·富兰克林的恒心与毅力真是让人咋舌。最早的时候，他在费城做印刷业的工作，他租了一间小房子，既当工作室，也当卧室用。每天他都是穿大街走小巷，自己推着手推车运送那些材料。在同一座城市，富兰克林有一个有力的竞争对手，他特意邀请那人到自己的家里来，然后，指着自己刚刚当作午饭吃剩的一小块面包说：“除非你也能过这样的日子，否则你不可能把我打倒。”

著名歌唱家玛丽布兰曾经说：“如果一天不练习唱歌，我自己就能感到退步；如果两天不练习唱歌，朋友们就会看出来；如果是一星期不练习，那么全世界都会感觉到了。”对她来说，坚持不懈的奋斗正是她为成功支付的代价。

卡莱尔写作《法国革命史》时的不幸遭遇，已经众所皆知。为了让邻居先睹为快，他把手稿的第一卷借给了邻居。这位邻居看了以后随手一放，结果被女仆拿去引火用了。这是个非常令人沮丧的打击，但卡莱尔却并未泄气，他花费了几个月的时间，将这份已经被付之一炬的手稿又重写了一遍。

有一次，人们邀请狄更斯当众朗诵他作品的某个选段，狄更斯说他时间不够，加以推辞了。原来，他养成了一个习惯，每次要当众朗诵作品之前，他自己会提前六个月做准备，直到内容了然于胸为止。

博物学家奥杜邦带着他的枪支和笔记本，花了两年时间在美洲丛林里搜寻各种鸟类，记录下它们的形状。这一切完成后，他把资料都封存在一个看上去很安全的箱子里，高兴地去度假了。度假结束，他回到家中，打开箱子一看，发现里面居然成了鼠窝，他辛辛苦苦画的图画面目全非。这真是一个致命的打击，然而奥杜邦二话不说，拿起枪支、笔记本，第二次进了丛林，重新一张一张地画，这次甚至比第一次画得还好。

总能得到大家钦佩的是那些行动果断、百折不挠的人。马尔库斯·默顿一生十六次竞选马萨诸塞州州长一职，最终连他的反对者也因为钦佩他的勇气与忍耐力而投了他的票，而他正是以一票的微弱优势当选的！永不放弃，坚持再坚持，这就是赢得胜利的全部秘诀。

韦伯斯特有着惊人的记忆力，这从他在学校时的一件小事上可见一斑。一次，他由于用弹弓射鸽子，被校长撞见了，于是罚他背诵一百行古罗马诗人维吉尔的诗歌。韦伯斯特知道校长当天下午就要乘火车外出，于是马上回到自己的屋子，一口气背了七百行。就在火车快开的时候，他找到了校长，一句一句背了起来。一百句过去了，韦伯斯特没有停的意思，接着背到了两百句。校长有些不耐烦，不停地看着手表，然而韦伯斯特视而不见，只顾往下背。校长终于忍不住打断了他，问他还可以背诵多少行。“大概还可以背五百行。”韦伯斯特一边回答，一边不停地接着背。

校长没有办法，只好这样对韦伯斯特说：“现在你可以爱怎么玩，就怎么玩了。”

韦伯斯特在菲利普·伊塞克特学校就读时，始终不敢当着全校学生的面演讲。虽然他也曾一遍一遍私下在房间里练习演说，然而，每次一听到喊他的名字，看到大家眼睛齐刷刷都转向他，他的大脑中马上一片空白，已经熟悉的东西都无影无踪。然而，就是这样一个人，最后却成为美国历史上一位伟大的演说家。甚至韦伯斯特所崇拜的雅典演说家德谟斯提尼本人，也未必能够说得出像韦伯斯特在参议院反驳海恩的那篇演讲。

即使绝望，也不要放弃努力

“永远都不要绝望，”柏克告诫我们，“如果无法避免绝望的话，那就抱着绝望的心情去努力工作。”

一切伟大作家之所以能够成名，都有赖于他们的坚韧不拔。他们的作品并不是借着天才的灵感一蹴而就的，而是经过精心细致的雕琢，直到最后把一切不完美的痕迹都除掉，才能够表现得那么地高贵典雅。

霍桑、爱默生这些大作家的笔记，确实可以让我们一窥伟大作品背后付出的艰苦劳动。他们准备一本书要用上几年心血，而我们不用一个小时就可以把它读完。维吉尔的《埃涅阿斯纪》是用了十一年时间才完成。巴特勒主教将二十年的时间和心血都倾注在他的《论类比》一书上，然而，尽管这样，最后他仍然不满意，想把作品焚烧掉。卢梭认为，自己那种流畅典雅的写作风格主要得益于不断的修改和润色。亚当·斯密写作《国富论》用了十年。孟德斯鸠写作《论法的精神》用了二十五年，而我们六十分钟就可以把它读完。古代雅典悲剧作家欧里庇德斯曾经受到对手的嘲笑，因为欧里庇德斯三天只能写出三行字，而那人却能写几百行。“你三天写的几百行是不会被人记住的，而我的三行却会永久流传。”欧里庇德斯回答道。

柏克的《与一位贵族的通信》算得上是文学史上最恢弘庄严

的一部作品。在校样的时候，柏克作了十分认真细致的修改，以至于最后稿样到了出版商手里时，已经有点面目全非了。印刷工人甚至拒绝校正，于是全部重新排版印刷。意大利诗人阿里奥斯托尝试了十六种不同的形式写作他的《暴风雨》，而写作《疯狂的罗兰》用了他整整十年时间，尽管这本定价仅为十五便士的书只卖出了一百本。亚当·塔克为了写作他的那部名著《自然之光》，也用去了十八年时间。梭罗在日记里写道：“我的图书馆藏书一共有九百本，其中七百本是我自己写的。”梭罗创作的新英格兰牧歌《康科德河和梅里马克河上的一星期》完全没有引起人的注意，虽然总共才印了一千册，最后却有七百册退还给了作者。虽然这样，他却依然笔耕不辍，锐气不减。

俗话说得好：坚持不懈的乌龟能快过灵巧敏捷的野兔。滚石不生苔。如果能每天学习一小时，并坚持十二年，所学到的东西，一定远比坐在学校里接受四年高等教育所学到的为多。同样，好书不厌千遍读，对人思想的塑造上，那种蜻蜓点水式的阅读影响与这种阅读方式对人的影响相比要弱得多。正如布尔沃所说的：“恒心与忍耐力是征服者的灵魂，它是人类反抗命运、个人灵魂反抗物质与世界的最有力支持，它也是福音书的精髓。从社会的角度看，考虑到它对种族问题和社会制度的影响，其重要性无论怎样强调也不为过。”

很多人最后失败的根源在于不能持之以恒。今天还拥有百万家资，明天就可能沿街行乞。读者不妨找找看，看看人类迄今为止，有没有一项重大的成就不是凭借坚持不懈的精神而能实现。提香的一幅名画曾经在他的画架上搁了八年，另一幅也摆放了七年。今天，我们看到的那些为世人景仰的作家，他们的名声是如何获得的？为了最后的成书，他们此前写了不计其数的文字作为练笔，将大半生的精力都献给了文学事业，甚至像奴隶一样埋头耕耘，全都是经年累月不计报酬的辛勤写作的结果。最后才换得他们唯一的补偿——永久的美名。

“永远都不要绝望，”柏克告诫我们，“如果无法避免绝望的话，那就抱着绝望的心情去努力工作。”

传说中的赫拉克勒斯的头像，总是披着一张虎皮，还有两只虎爪在下巴底下。它的寓意是激励人们勇敢地与各种艰难险阻作斗争，一旦我们战胜了这些困难，它们反过来就会成为我们前进的动力。

啊！永不屈服的意志力，一切荣耀与光彩最终都属于你！

第十五章

简洁，是一种智慧

语言也像阳光一样，越是浓缩集中，越容易把别的东西引燃。如果你希望自己的话语能够有影响的话，就应当尽可能的简洁。

力求简洁，切中要害

> 如果你想真正有所成就，就应该集中精力。其他人需要一小时才能够讲述清楚的事情，大法官鲁弗斯·乔特只需要一分钟。

凡事应该力求简洁，切中要害，直截了当。它既是一种智慧，也是一种机敏。宝石的价值不在于它的重量。日常呼吸的空气，一旦经过压缩，就有了炸弹一样的力量，再坚固的岩石也抵挡不住。涓涓细流一般的娓娓劝说，我们可能过后就忘，不留任何痕迹。但换成一声狮子吼，却有涤荡一切、摧枯拉朽的力量。话人人都会说，这不足为奇，但思想却像沙里淘到的金子，它才能真正启发大家的思考。

子弹越密集越有杀伤力。如果你希望别人也知道你工作的价值，就应该化繁为简。如果你想真正有所成就，就应该集中精力。其他人需要一小时才能够讲述清楚的事情，大法官鲁弗斯·乔特只需要一分钟。

同样的主题，贺拉斯·格里利会给《纽约论坛》写长篇大论，瑟罗·韦德却只在《奥尔巴尼晚报》用寥寥数言就可以完全让人信服。

越简洁，越有影响力

语言也像阳光一样，越是浓缩集中，越容易把别的东西引燃。如果你希望自己的话语能够有影响的话，就应当尽可能地简洁。

斯图尔特先生的私人办公室是谁也不允许进入的，客人只有先将事情向门卫交代清楚了，才有可能在另一间办公室里见到斯图尔特先生。如果那个访客是想和他谈些私事，门卫就会告诉他："斯图尔特先生现在不谈私事。"他把时间看作自己生命的一部分。如果谁得到允许，进入他的办公室，那么他在谈事情时必须做到尽可能的简洁明了。在斯图尔特的公司，一切都处理得迅速而井井有条，让他的对手都不得不佩服。在那里，看不到无所事事、散漫随意的景象，也没有人随便开玩笑。从早到晚，凡是工作时间，他们的口号只有一个词"效率"。斯图尔特先生在工作的时候是从来不和人闲聊的，他一分一秒也不愿浪费。

"要简洁，"希拉斯·菲尔德对来访者说，"如果想说什么，就简单明了地说出来。时间宝贵。诚实、准时、简洁，这应该是我们一生的座右铭。不要写长信，谁都不会有时间看的。再重要的事务，一页纸足可以将它说清楚。很多年前，就在我铺设大西洋海底电缆的时候，有一次我突然需要给英国发一封重要的信函。我知道首相和女王会读到我的信，我用了几页纸把我想说的话写

完，然后不停修改，一共改了二十遍，让句子尽可能简短，最后我只用一页纸就把问题都写清楚了。然后我寄了出去，不久就收到了答复。当然，这是个很让人满意的答复。不过，你们想过吗，如果我的信写上五六页，事情还会那么顺利吗？不，不会。简洁是一份厚礼啊。”

英国诗人骚塞说：“语言也像阳光一样，越是浓缩集中，越容易把别的东西引燃。如果你希望自己的话语能够有影响的话，就应当尽可能地简洁。”

法国著名牧师、作家费奈隆曾经说：“演说的最高境界是能够精选出我们的思想，做到简洁而意义深远，使我们要说的内容妥当贴切，同时应该做到不慌不忙，镇定自如。”

泰伦·爱德华兹说：“想说，就说。说完，就打住。”